Ulrich Lieb

Modellbahn und PC

Ulrich Lieb

Modellbahn und PC

trans press

Einbandgestaltung: Dos Luis Santos
Foto: Ulrich Lieb

Bildnachweis:
Die zur Illustration dieses Buches verwendeten Aufnahmen stammen – wenn nichts anderes vermerkt ist – vom Verfasser.

ISBN: 978-3-613-71327-3

1. Auflage 2007

Sie finden uns im Internet unter www.transpress.de

Innengestaltung: Jürgen Knopf, Medien und Printprodukte, 74321 Bietigheim
Druck und Bindung: Vychodoslovenske Tlaciarne, Kosice
Printed in Slovac Republic

VORWORT

Nur wenige Neuerungen haben das Modellbahnhobby derart verändert wie der Einzug des Computers in das Spiel mit der kleinen Eisenbahn. Waren noch bis in die 90er-Jahre des 20. Jahrhunderts bessere Antriebe oder auch eine feinere Detaillierung eines Modells das Maß aller Dinge, so gehört der Rechner mit allerlei Zubehör mittlerweile fast so selbstverständlich zur Modellbahn wie, sagen wir einmal, eine Lok und eine Handvoll Wagen nebst schön gestalteter Landschaft, Männchen und Tännchen. Zumindest kann man diesen Eindruck beim aufmerksamen Besuch einer Modellbahn-Schau, beim Studieren des neuesten Produktkatalogs irgendeines Modellbahnherstellers oder auch beim Stöbern im Modellbahnlädchen an der Ecke gewinnen.

Ein nahezu unüberschaubares Sammelsurium an computergestützem Zubehör wartet in mehr oder wenig knackig-technischer Verpackung auf den Modellbahner. Längst schon ist das Hobby vom Computerzeitalter eingeholt worden – zu seinem Segen oder Fluch wollen wir einstweilen noch dahingestellt sein lassen.

Als unbeteiligter und meinetwegen auch unbedarfter Beobachter kann man den Eindruck gewinnen, dass eine Modellbahn in guter alter mechanischer Tradition, von Hand gesteuert, ohne Digitalbaustein und Geräuscherzeugung nahezu gar nicht mehr vorstellbar ist. Doch seien wir nicht verstockt, Leben und mitnichten das Hobby ist immer auch Veränderung und wer Neues rundweg ablehnt, bleibt lustlos auf seinem Baum sitzen respektive vor seiner Modellbahn aus Großvaters Tagen.

Es ist meiner Ansicht nach unbestritten, dass der Computer die Modellbahn revolutioniert und ihr fraglos neue, aufregende Möglichkeiten beschert hat. Dabei sollten sinnvolle, das Hobby bereichernde und die Freude bei der Beschäftigung mit den kleinen Welten erweiternde Bestandteile im Fokus unserer Betrachtung liegen.

Da nicht jedem Hobbykollegen der Zugang zum Rechner und der Umgang mit ihm problemlos möglich ist, ja so mancher sogar eine regelrechte Abscheu vor derartigem Tun hat und bisweilen Berührungsängste die Beschäftigung mit der zeitgemäßen Technik verhindern, ist es das Ziel dieses Buchs, eine Einführung in den Computer und seine Technik im Hinblick auf die Verwendbarkeit für die Modellbahn zu geben.

Wie so viele meiner Altersgenossen bin ich nicht mit Computern aufgewachsen und habe lange Zeit einen Groll gegen die grauen brummenden Kisten gehegt. Da man aber mit offenen Augen durchs Leben gehen sollte, habe ich mich vor einigen Jahren auf das wahrlich letzte große Abenteuer unserer Zeit, nämlich »Modellbahn und Computer«, eingelassen und kann mittlerweile nur

jedem Hobbykollegen den Einsatz eines Computers zu Modellbahnzwecken empfehlen.
Aus dem Gesagten wird klar, dass das Buch nicht für Computerfreaks, wie professionelle Anwender in Fachwissen suggerierendem Englisch genannt werden, gedacht ist. So weit es geht und sinnvoll ist, habe ich versucht Anglizismen zu vermeiden und stattdessen eine deutsche Entsprechung zu verwenden. Das Angebot an Computerprogrammen für die Modellbahn ist fast unübersehbar geworden, es ist aber nicht Ziel dieses Buchs, das Angebot aufzulisten oder gar zu kommentieren, das mag anderen Publikationen vorbehalten bleiben.
Nach einer allgemeinen Einführung sollen die sinnvollen Möglichkeiten des Computereinsatzes im Modellbahnhobby an ausgewählten Beispielen vorgeführt werden. Die vorgestellten Programme stellen aber keine Empfehlung dar, sondern sind aufgrund ihrer, meines Erachtens, sehr guten Eignung zu Einführungszwecken verwendet worden.
Ausgewählt wurden Produkte von Herstellern bzw. Programmautoren, die dafür bekannt sind, ihre Kunden nicht im Stich zu lassen (womit ich nicht sagen will, dass alle anderen das tun würden – logisch!), sondern stets ein offenes Ohr für technische Probleme aller Art haben. Zu diesem Zweck sei neben den Adressen im Anhang (mit Telefonnummer und Internet-Adresse) auf die Internet-Foren und den Informationsservice der Hersteller (auf deren Homepage unter z. B. »Tipps & Tricks« o. Ä. zu finden) verwiesen.
Abschließend möchte ich noch darauf hinweisen, dass die verwendeten und vorgestellten Programme keine Sonderanfertigungen darstellen, sondern ganz normale Ware aus dem Angebot der betreffenden Hersteller sind, so wie sie der geneigte Hobbykollege auch erwerben kann. Geschenkt gab es auch nichts, alle vorgestellten Materialien sind ganz normal im Laden (oder im Internet) zum üblichen Preis gekauft worden.
Mein Dank gilt noch den Damen und Herren an den Beratungstelefonen der im Buch genannten Programmhersteller, die für jede Frage ein offenes Ohr hatten und deren stets kompetente und freundliche Beratung jedem Hobbykollegen nur empfohlen werden kann.

Ulm, im Frühjahr 2007
Ulrich Lieb

INHALT

3. MODELLBAHN-VERWALTUNG

4. SIMULATIONSPROGRAMME

5. SPIELE

6. STEUERUNG

7. INTERNET

1. EINLEITUNG

Computer sind in der Modellbahn eine noch recht junge Errungenschaft. Das verwundert nicht, schließlich haben sich die Rechner im öffentlichen Leben ja auch erst in den 80er- und 90er-Jahren des 20. Jahrhunderts durchzusetzen begonnen. Wohl in den Jahren 1983/84 sind die ersten Digitalsteuerungen aufgetaucht, die im Prinzip mit einem Computer gesteuert werden, auch wenn die zugehörige Bedienungseinheit nicht unbedingt an einen Rechner erinnert. Es macht Spaß, mal eine alte Modellbahnzeitschrift aus jenen Tagen zur Hand zu nehmen und von den »ungeahnten Möglichkeiten des Computers für unser Hobby«, wie es damals hieß, zu lesen.

In den älteren Ausgaben von Modellbahnzeitschriften – hier die unvergessene Bahn & Modell, der Model Railroader und die MIBA – zu schmökern, ist mehr als spannend. Lässt sich doch auf diese Weise die interessante Entwicklung des Verhältnisses von Computer und Modellbahn trefflich nachforschen.

Im folgenden Zeitraum sind diese Steuerungen dann immer raffinierter und ausgefeilter geworden und der Computer schickt sich seit den frühen 90er-Jahren an, die Steuerung einer Modellbahn zu automatisieren und die Planung einer Anlage rascher, genauer und komfortabler zu gestalten. Parallel dazu kommen die ersten computerbasierten Gleisplanungs-Programme auf den Markt. Computer-Spiele für den Eisenbahnfreund drängen ebenso ans Licht wie Simulationen, mit denen der Traumberuf Lokführer verwirklicht werden kann. Der Schritt zum per Computer selbst gestalteten Hintergrund einer Anlage ist da nur konsequent.

Im Lauf der Zeit werden diese Programme immer leistungsfähiger und liefern immer bessere Automatisie-

Für Kinder stellt das Spiel mit der digitalen Modellbahn keine Besonderheit mehr dar, die junge Generation wächst mit dem Computer auf und setzt ihn wie selbstverständlich ein. Foto: Jochen Frickel

rungen, Steuerungen, Gleisplanungen und Anlagenbauhilfen, Spiele und Simulationen ab. Inzwischen fungiert der Computer auch schon als Modellbahn-Spielkamerad. Was mag der nächste Schritt sein?

Den sicherlich großartigen Möglichkeiten des Computers zum Trotz muss ich an dieser Stelle – quasi als Warnung – doch ein paar Einschränkungen loswerden. Als Kind des mechanischen Zeitalters bin ich in einer Zeit groß geworden, in der man zahlreichen Maschinen noch ihre Funktion ansehen konnte. Das hat den Werdegang als Modellbahner entscheidend geprägt und einen in irgendeiner Weise mit der Technik versöhnlich gestimmt. Wenn irgendwo was gerappelt hat, konnte man die Maschine respektive die Modell-Lok auseinander nehmen und mit Hammer und Schraubenzieher reparieren. Man konnte, wenn sich das Teil einer Reparatur gesträubt hat, so richtig schön draufhauen und den ob des Nichtfunktionierens aufgestauten Frust wieder loswerden.
So, und jetzt sitzt das Kind des mechanischen Zeitalters vor einem dieser Zauberkästen, deren Innenleben einem verschlossen ist und deren Technik einem nichts anderes als unheimlich anmutet. Zumeist funktioniert alles so, wie es soll, bisweilen mit Angst einflößender Zuverlässigkeit. Aber wehe, es geht mal was nicht. Reparieren ist für die meisten unter uns wahrscheinlich unmöglich, und mit Hammer und Schraubenzieher zu Werke zu gehen, scheidet mit Rücksicht auf die zwar robusten, fluch- und weitgehend temperaturresistenten, aber in mechanischer Hinsicht hochempfindlichen Bauteile aus. Wenn der Rechner nicht funktioniert, sitzt man davor und spürt die Wut in einem hochkochen. Abreagieren unmöglich.

Bisweilen verständlich: Mit dem Hammer könnte man manchmal wild drauflos hauen, wenn der Rechner mal wieder nicht so tut, wie er eigentlich sollte. Beim Umgang mit dem PC sind – gerade als Ungeübter – gute Nerven nicht von Nachteil.

Kein Zweifel: Diese Technik ist großartig und in den Möglichkeiten, auch für uns Modellbahner, noch gar nicht voll erfasst, aber diese Technik hat sich vom Menschen und seinen Sinnen inzwischen so weit entfernt, dass es bisweilen fraglich erscheint, ob eigentlich der Computer für den Menschen gemacht worden ist, oder ob es inzwischen nicht doch schon umgekehrt ist. Will sagen: dass der Umgang mit dem Rechner, gerade im Hobbybereich, nur nervlich gefestigten Zeitgenossen empfohlen werden kann. Denn schließlich soll die Modellbahn ja Freude bereiten und dem Alltagsstress nicht noch eine Komponente mehr hinzufügen.

1.1. MODELLBAHNEN HEUTE UND IN ZUKUNFT

Richten wir einmal, nur so zum Spaß, den Blick in die Zukunft, der Modellbahn versteht sich: Das ist Herr C., der Rest ist unwichtig. Er ist Modellbahner und lebt im Jahr 2065. Natürlich liest er Modellbahnzeitschriften, die gibt es aber nicht mehr in Papierform, sondern nur noch auf einem Speichermedium. Allerorten gibt es dafür die Möglichkeit, solche Speichermedien zu lesen, bei der Fahrt im Zug, beim Warten auf den Arzttermin oder zu Hause beim »chill-out in der home-zone vor dem Homecomputer«, denn der Zukunftsmensch bewegt sich wie selbstverständlich in einer vor Anglizismen strotzenden Umgebung.

Nun, Herr C. sitzt gerade im Eisenbahnabteil, und sein Zug rauscht mit 300 km/h von der Metropole B. in die Provinzhauptstadt S. Draußen gibt es nichts zu sehen, weil die Bahnlinie unterirdisch verlegt ist und das nachtschwarze Draußen nur sporadisch von grellen Lichtblitzen aufgehellt wird.

Computer und Modellbahn können einander ergänzen – der PC macht das Spiel interessanter und spannender, die Modellbahn bringt einen dazu, sich mit der Technik des Rechners auseinander zu setzen.

Aber im Lichtschein wären ohnehin nichts anderes als graue Betonwände zu erkennen.

Dann klappt Herr C. seinen Taschencomputer auf und lädt die soeben erstandene Zeitschrift. Vielleicht schaut er sich gerne Modellbahnanlagen an und er wird das Menü »Blick nach vorgestern: Anlagen« der virtuellen Zeitschrift auf seinem Computer anklicken. Möglicherweise ist dann eine dieser herrlichen altmodischen Modellbahnen zu sehen, die noch ein Mensch gebaut hat. So richtig aus Holz und Gips, der

Eine der besagten Modellbahnen, »die noch ein Mensch gebaut hat.« Eine Modellbahn ist nicht nur Freizeitbeschäftigung, sondern immer auch Abbild der Sehnsüchte ihres Erbauers nach – vielleicht – ein wenig Romantik im Alltag.

Modellbauer hat sich dabei die Finger dreckig gemacht, hat geschwitzt und den Geruch von Kleber und Farben eingeatmet und dann irgendwann stolz auf sein Ergebnis geblickt. Dieser Mensch von vorgestern hat dann bestimmt am Trafo gedreht und sich über das Donnern der Radsätze über die Schienen aus Metall gefreut. Und dann hat es im Zimmer nach »Eisenbahn« gerochen.

Und wahrscheinlich ist dieser vorgestrige Mensch mit seiner Bahn gefahren und hat viel Spaß beim Basteln gehabt. Ja, und dann hat er möglicherweise Modell-Dampfloks besessen oder alte Modell-E-Loks mit wippenden Kurbelstangen – Maschinen, denen man ihre Funktionsweise noch angesehen hat. Geistesabwesend blickt dann Herr C. aus dem Fenster und starrt in die Nacht, Lichtblitze zucken auf, die Klimaanlage des Zugs säuselt.

Dann betrachtet sich Herr C. in der Zeitschrift die heutigen Anlagen, die in einer festen Rubrik der Postille vorgestellt werden. Es sind alles virtuelle Anlagen, von unglaublich leistungsfähigen Programmen gestaltet, so gut wie nicht mehr von der Realität zu unterscheiden. Die Figuren auf dem Bahnsteig besitzen sogar eine Mimik, die sich je nach Verspätungsgrad des Personenzugs hebt oder senkt. Die Bäume wiegen im virtuellen Wind, der durch den vorbeidonnernden Zug erzeugt wird, und in der Rangierlok packt der Lokführer sein Butterbrot aus. Phantastisch! Herr C. schwört sich, wenn er mal Zeit hat, dann baut er sich so was auch, am Homecomputer in seiner privaten chill-out-zone.

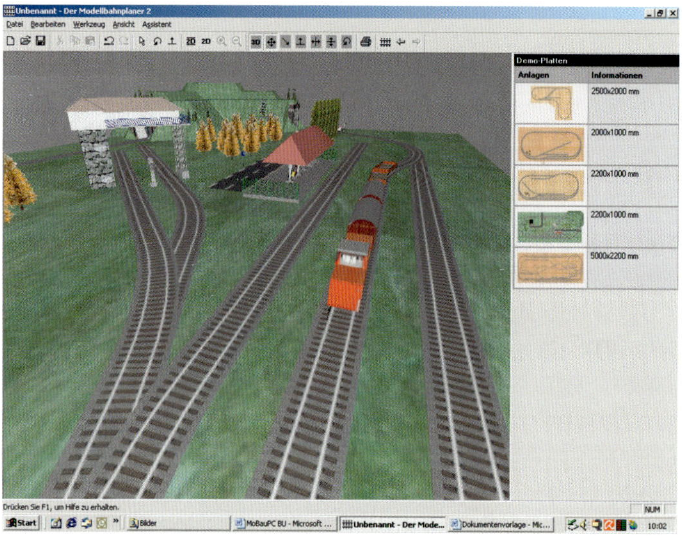

Der gute alte Modellbahnplaner 2, wie es ihn bei der Zeitschrift MIBA mal vor ein paar Jahren gegeben hat. Damit hat der Autor seine ersten am PC generierten Anlagen geplant und war mächtig stolz auf das Ergebnis. Unschlagbarer Vorteil der Software ist ihre leichte Bedienbarkeit.

1.1.1. GRENZENLOSE MÖGLICHKEITEN

»Armer Kerl!«, ruft da so mancher Modellbahner von heute aus. Und in der Tat mag der Blick auf die modellbahnerische Zukunft einem das Grausen lehren, allerdings weniger wegen der virtuellen Möglichkeiten als vielmehr der Aussicht auf das Aussterben des Hobbys wegen. Das liegt aber sicherlich nicht am eventuellen Einsatz des Computers für Modellbahnzwecke.

Es ist schon so, dass viele Hobbykollegen den Computer verteufeln und ihn als unsinnig für die Modellbahn abtun. »Virtuelle Modellbahnwelten! Was soll der Mist?«, bin ich beim Schreiben dieser Zeilen von durchaus aufgeschlossenen Modellbahn-Zeitgenossen oft gefragt worden. Sie fahren eben lieber wie zu Großvaters Zeiten. Das ist gut so, denn jeder soll nach seiner Fasson selig werden. Punktum.

Analog gesteuerte Modellbahn »wie zu Großvaters Zeiten« mit Zug aus Urgroßvaters Zeiten…

Allerdings, so mag man ihnen zurufen, heißt »virtuell« laut einem weit verbreiteten Wörterbuch der deutschen Sprache zufolge nun einmal »innewohnende Kraft oder Möglichkeit« nach dem französischen Wort »virtualité« für »Wirkungskraft, Wirkungsvermögen«. Das französische Wort kommt vom lateinischen Wort »virtus« und das heißt »Mannhaftigkeit, Tüchtigkeit, Tapferkeit, Tugend« und gehört ins Umfeld des lateinischen »vir«, was »Mann« heißt. Na, wenn es einem da nicht warm ums Herz wird. Alles Gute beginnt ja bekanntlich mit M wie Moneten, Mann und Modellbahn.

Um der Internationalität Genüge zu tun: Rangierbetrieb auf einer Anlage nach amerikanischen Motiven, obgleich der Schwellenabstand den europäischen Ursprung des Gleismaterials verrät…

Eine virtuelle Modellbahn ist demnach mitnichten nur eine gezeichnete, als Datensatz auf irgendeinem Computer eines Informatikfreaks existierende Anlage. Es ist die Modellbahn der ungeahnten Möglichkeiten, es ist die Erweiterung der reinen Modellbahn mit sinnvollem Zubehör. Man mag ausru-

Hoffen wir, dass die virtuelle Modellbahn jenseits von Schotter und Grasmatten nicht im dunklen Loch auf nimmer Wiedersehen verschwindet…

fen »Modellbahn und Mehr«. Und um eben diese virtuelle Modellbahn geht es in diesem Buch, um die Einführung in die Modellbahn jenseits von Schotter und Grasmatten.

Im Folgenden will ich in die grundsätzlichen Funktionen eines Computers einführen und eine gedrängte Übersicht über die wichtigsten Komponenten, Funktionsweisen und Programme eines Rechners geben.

Der Computermarkt im Allgemeinen und der Computermarkt im Hinblick auf die Modellbahn im Besonderen unterliegen einer besonderen Dynamik, Kenndaten veralten für gewöhnlich binnen weniger Monate. Das macht die Annäherung an den Rechner nicht unbedingt einfacher, auch wenn die Formulierung »Wenn Du deinen Computer im Laden bezahlt hast, ist er schon veraltet!« gewiss überspitzt formuliert ist, aber nichtsdestoweniger ein Körnchen Wahrheit besitzt.

1.2. GRUNDLAGEN – KEINE ANGST VORM RECHENKNECHT

Wie erwähnt, ist dieses Buch für den Einsteiger ohne Grundkenntnisse geschrieben worden. Der Computer stellt auch in unserem Hobby die Zukunft dar und viele Hobbykollegen haben eine durchaus berechtigte und nachvollziehbare gewisse Scheu vor dem Rechner. Diese abzubauen, soll ein Anliegen des Buchs sein.

Keine Angst vor Fachchinesisch, das Buch soll zwar in das Thema Modellbahn und PC einführen, aber nicht mit einer überbordenden Zahl von Fachtermini potenzielle »PC-Modellbahner« abschrecken, der Spaß mit der Bahn soll dabei immer erhalten bleiben.

1.2.1. DER RECHENKNECHT

Wenngleich die Ausbildung zum Informatiker nicht Ziel dieses Buchs ist, so soll im Folgenden ein fundiertes Computer-Allgemeinwissen vermittelt werden. Damit ist das Studium weiterführender Literatur und das Verständnis von Fachausdrücken in Zeitschriften und Prospekten möglich. Da es im Computerwesen nicht ohne englische Fachtermini geht, werden die entsprechenden Begriffe typologisch hervorgehoben und sogleich kurz erklärt. Im Anhang des Buchs findet sich zum Nachschlagen noch ein Glossar, in dem die wichtigsten Fachbegriffe kurz erläutert werden.

Ein Computer – in die deutsche Sprache übersetzt heißt das Gerät »Rechner«, bisweilen wird es auch »Rechenknecht« genannt – ist im Prinzip eine Vorrichtung, in die etwas eingegeben, dann dort bearbeitet und wieder ausgegeben wird. Damit lassen sich nicht nur Texte, sondern auch Bilder, Töne und Filme bearbeiten und verändern. Solche Eingaben müssen aber in eine vom Computer lesbare Form gebracht werden, man sagt digitalisieren dazu.

Der Rechner speichert alles nur in Zahlenform, hierfür findet das Dualsystem (im Gegensatz zum Dezimalsystem unseres Alltags) Anwendung,

Bevor das Lesen des Texts zu anstrengend wird, richtet der Modellbahner seinen verklärten Blick ins Betriebswerk und findet beim Betrachten der Dampfloks Ablenkung von allzu vielen Bits und Bytes…

das nur die Werte 0 und 1 kennt. Je nach ihrer Stellung bedeuten diese Zahlen das Einfache, Zweifache, Vierfache, Achtfache usw. ihres Werts. Beispiel: Die Zahl 101 im Binärsystem bedeutet einen Einer, null Zweier und einen Vierer, also die Zahl 5 (wie sie im Dezimalsystem geschrieben werden würde).

Alle Informationen, die in einem Computer abgelegt werden, bezeichnet man als Daten. Zusammengehörige Daten werden in einer Datei (in Englisch »*file*« genannt) zusammengefasst; diese Daten einer Datei bilden einen Text, ein Bild oder Ähnliches. Sie werden unter einem Dateinamen abgelegt und sind dadurch jederzeit wiederaufrufbar. Diese Rechnungen nimmt der Computer selbsttätig vor, der Mensch muss nichts selber rechnen.

Nun lassen sich diese Informationen in Einheiten zusammenfassen: ein Bit ist die kleinste Einheit (Wert 0 oder 1), gefolgt vom Byte (= einer Menge von 8 Bit), darauf folgt das Kilobyte (abgekürzt KB oder K, = 1024 Byte), das Megabyte (MB, = 1024 KB) und das Gigabyte (GB, = 1024 MB). Damit werden beim Computer Speichergrößen angegeben; der Hauptspeicher wird zumeist in MB bemessen, der Speicherplatz auf der Festplatte in GB, wohingegen einzelne Dateien oder Bilder in KB angegeben werden.

In gewissem Sinne eine »romantische Ordnung« im Sägewerk – und damit wieder zurück zum Computer-ABC.

1.2.2. ORDNUNG MUSS SEIN

Ohne ein gewisses Ordnungsprinzip gerät man bei der Arbeit mit einem Computer schnell ins Chaos. Gut, dass der Rechner, wenn wir ihn kaufen, ein solches Ordnungsprinzip vorinstalliert vom Hersteller oder Auslieferer mitbekommen hat.

Unter dem Begriff »Programm« versteht der Computeranwender die Zusammenfassung von Handlungsanweisungen an den Rechner. Dadurch ist der Computer in der Lage, auf Eingaben des Benutzers zu reagieren und bestimmte Handlungen auszuführen, z. B. das Verändern einer Datei. Solche Programme existieren in unüberschaubarer Vielfalt und dienen zum Schreiben eines Texts, zum Zeichnen oder zum Spielen.

Oft hört man im Zusammenhang mit Computern und neu zu installierenden Programmen das Wort Treiber, was ist das? Der so genannte Gerätetreiber, der zumeist nur Treiber (wörtliche Übersetzung des englischen *driver*, was auch als »Fahrer, Lenker« oder »Steuerer« übersetzt werden kann) genannt wird, ist ein Computerprogramm, dessen Aufgabe es ist, den Datenaustausch mit anderen Gerätschaften (intern wie Module oder extern wie z. B. Drucker) zu steuern. Der Datenaustausch verläuft über Schnittstellen.

Übrigens lässt sich über eine solche Schnittstelle (wenn sie standardisiert ist) die Kommunikation zwischen dem

Ein Blick auf die Schnittstellen eines stationären PC: Ganz rechts (Schnittstelle in Grün) kann eine Maus angeschlossen werden, links daneben USB-Ports (siehe dazu weiter unten). In der oberen Reihe in Dunkelblau ein RS232-Port, wie ihn die Steuerungssoftware »Rocomotion« (siehe Kap. 6) verwendet, unten in Rosa die Schnittstelle für den Drucker.

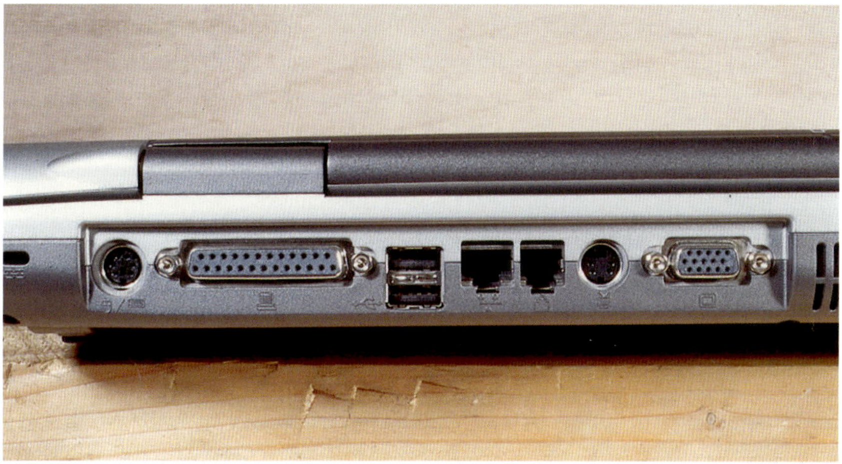

Schnittstellen an einem Notebook. Neben der Schnittstelle für den Drucker (links) und den beiden untereinander angeordneten USB-Ports kommen Steckplätze für den Internetanschluss (über Western-Stecker) zu liegen, rechts daneben der Steckplatz für die Maus und ganz rechts eine RS232-Steckschnittstelle.

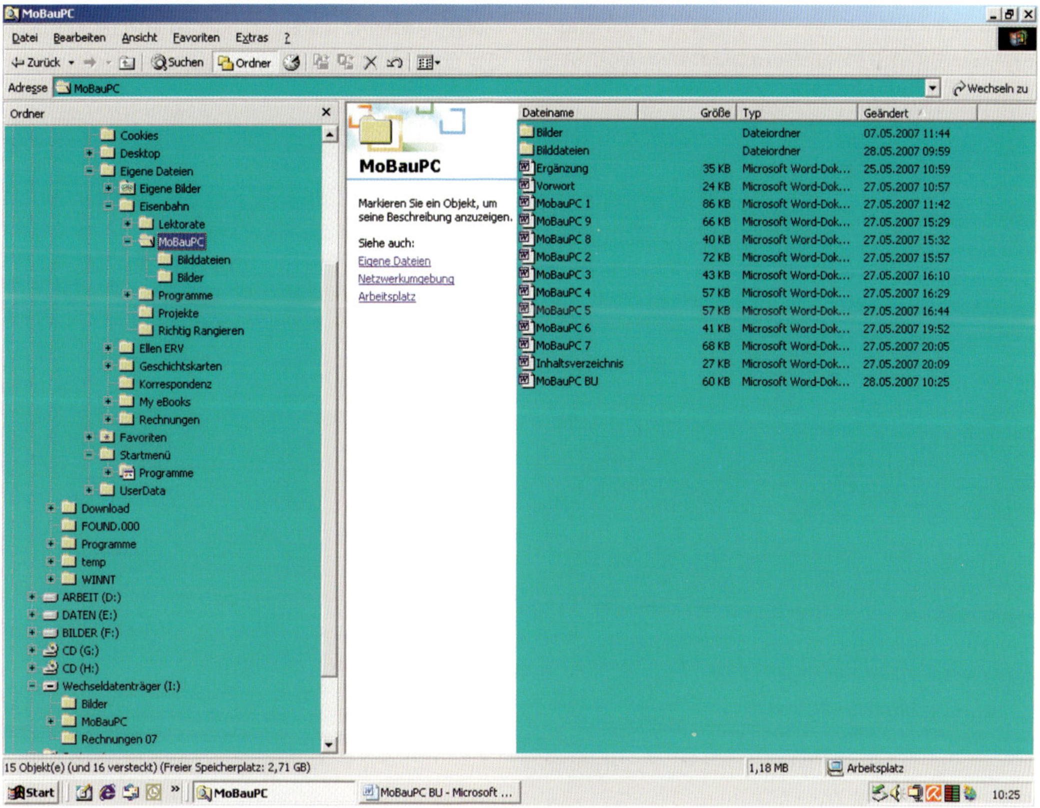

Ein Blick auf das Verzeichnis eines Computers. Man erkennt eine Vielzahl von Dateiordnern, die im weitesten Sinn an einen Aktenordner bzw.-schrank erinnern.

Betriebssystem sowie der Software mit der Hardware nachvollziehen. Damit ist der Einsatz weiterer Geräte in universeller Bandbreite möglich. Aufgrund ihrer Aufgabendefinition hängen Treiber in besonders hohem Maß von der Hardware und dem Betriebssystem ab, was zu Problemen führen kann. (Vgl. Ausführungen im Kap. 2 Gleisplanungssoftware).

Nun kann man sich vorstellen, dass beim Betrieb eines Rechners schnell eine Unzahl von Programmen und Dateien zusammenkommen. Um nicht den Überblick zu verlieren, legt der Anwender selbst Verzeichnisse (in Englisch *directory*) an. Dazu gehören so genannte Ordner (engl. *folder*), die auch als solche vorstellbar sind. Wie in einem Aktenordner können in sie bestimmte Dateien abgelegt werden. Dabei empfiehlt sich die Sammlung nach Themenverwandtschaft, z. B. einen Ordner für die Korrespondenz, ein anderer für Rechnungen etc.

1.2.2.1. HARDWARE AUSSEN

Jeder, der sich schon einmal mit einem Computer befasst hat oder in Zeitschriften liest, stößt früher oder später auf den Begriff *hardware* (ursprünglich bezeichnet das Wort im Englischen Metallwaren). Darunter werden all diejenigen Komponenten eines Computers verstanden, die man anfassen oder sehen kann, also im Prinzip das Gerät und sein Zubehör.

Ein anderes Bild im Zusammenhang mit der Unterscheidung von Hard- und Software: Die Dampflok ist die Hardware, das Können des Lokführers aber ist die Software. (Eurovapor-Dampflok (ex. wü T3) nimmt Kohle im Sommer 1978.)
Foto: Sammlung Friedrich Scharfenberg

Unter *software* hingegen versteht man alles gewissermaßen Unsichtbare, also die gespeicherten Daten und Programme. Ein Beispiel soll das verdeutlichen: Betrachtet man das vorliegende Buch, so wäre der Einband, das Papier und die Druckerschwärze die Hardware, der geistige Inhalt aber wäre die Software.

Was umfasst die Hardware eines Computers? Zunächst gehört dazu das Gehäuse des Rechners, das es im Allgemeinen in zwei Hauptgrößen gibt: einmal der so genannte *tower*, worunter ein zumeist senkrecht aufgebautes Gehäuse verstanden wird, Vorteil: es bietet viel Platz für weitere Einbauten; und zum anderen das so genannte Desktop-Gehäuse, das in waagerechter Ausführung an eine »Schreibtisch-Oberfläche« erinnert, daher rührt der Name. Ein solcher Computer gilt als sehr kompakt.

Hinzu gesellen sich noch so genannte Notebooks (»Notizbücher«). Das sind im Prinzip transportable Computer im näherungsweisen Din-A-4-Format. Die etwas voluminösere Variante mit eigenem Tragegriff bezeichnet man in der Regel als Laptop (heißt soviel wie

Ein – schon etwas älterer – stationärer, also ortsfester Computer in tower-Ausführung, also als »Turm«. In der Mitte ist das Diskettenlaufwerk zu erkennen, weiter oben befindet sich das CD-Laufwerk.

Ein Notebook – auch schon etwas älter. Im Gegensatz zum Laptop besitzt es keinen Tragegriff und wirkt auch etwas gedrungener. Überraschend ist die Unempfindlichkeit dieser Geräte: Das abgebildete Notebook ist von einem Kleinkind schon mal vom Tisch gezogen worden, aber es (das Notebook!) geht immer noch.

Tischoberfläche, umgangssprachlich wegen des Griffs auch »Schlepptop« genannt).

1.2.2.2. HARDWARE INNEN

Vom äußeren Aufbau wendet sich der Blick nun ins Innere eines Computers. Das Gehäuse mit allen Einbauteilen bildet die Zentraleinheit. Dazu gehört auch der Prozessor (die so genannte CPU – *central processing unit*), der das zentrale Rechenwerk bildet. In ihm werden die Programme vollzogen und die einzelnen Arbeitsschritte laufen ab. Man kann sagen, die CPU (bekannte Hersteller sind z. B. Intel und AMD) ist das Gehirn des Rechners. Ein Prozessor arbeitet in einem bestimmten, festgelegten Takt, der in Gigahertz (GHz) angegeben wird. Ein Prozessortakt von 2 GHz bedeutet, dass die CPU 2 Milliarden mal pro Sekunde einen bestimmten Arbeitsschritt ausführen kann. Vom Takt allein sind übrigens **keine** Rückschlüsse auf die Arbeitsgeschwindigkeit eines Prozessors möglich.

Neben dem Prozessor ist im Computer ein so genannter Arbeitsspeicher zu finden. Damit ist der Hauptspeicher (RAM – *random access memory*) gemeint. Er besteht aus mehreren kleinen Chips, also Rechnereinheiten. Mit dem so genannten Öffnen einer Datei macht man nichts anderes als den Inhalt einer Datei in den Arbeitsspeicher

Der Speicher ist vergesslich, damit sich das Wissen respektive die Weisheit – darum die Eule und die Brille – in den PC einprägt und nicht verloren geht, muss gespeichert werden.

zu laden. Dieses RAM ist aber vergesslich, schaltet man den Computer aus, ohne das so genannte *Sichern*, ist alles, was soeben bearbeitet worden ist, »vergessen« und verloren. Um Änderungen an einer Datei dauerhaft festzuhalten, muss man sie auf der so genannten Festplatte (engl. *hard disk*, zumeist ein taschenbuchgroßes Metallgehäuse, in dem sich bei Betrieb rotierende Magnetscheiben befinden, darauf werden die Daten abgelegt) abspeichern oder sichern.
Diese Festplatte wiederum ist mit das wichtigste Bauteil des Computers und ein so genanntes Massenspeichermedium. Die Festplatte eines heutigen Computers hat eine Kapazität im dreistelligen Gigabytebereich. Sie ist ein spezieller Speicher, der das Betriebssystem, die Programme und die Daten festhält und quasi aufbewahrt. Von dort lädt man sie dann bei Bedarf in den Arbeitsspeicher, wo sie – wie der Name schon sagt – bearbeitet werden können.

1.2.2.2.1 WECHSELMEDIEN UND STECKPLÄTZE

Neben diesen fest installierten Bauteilen finden zahlreiche so genannte Wechselmedien, die nicht fester Bestandteil des Rechners sind, sondern bei Bedarf eingelegt werden können, bei Computern Verwendung.
Bis vor kurzem war die Diskette

Achtung Diskettentransport! Auf den selbst anzubringenden Beschriftungsaufkleber (liegt der Disketten-Packung bei) schreibt man mit Bleistift (leicht änderbar) den Inhalt, denn bald schon verliert man die Übersicht über seine Disketten und deren Inhalte.

noch das wichtigste Wechselmedium, eine dünne Magnetscheibe in einem Kunststoffgehäuse (davor gab es noch *floppy disks*, die seinerzeit berüchtigten »Schlappscheiben«). Da ihre Kapazität mit etwa 1,4 MB aber beschränkt ist, eignet sie sich nur zum Abspeichern kleiner Datenmengen, etwa zum Transport einer Datei von einem Computer zum nächsten (»Datenaustausch«).

Disketten werden in das zugehörige Laufwerk derart eingesteckt, dass die runde metallische Öffnung nach unten zeigt und der Schiebemechanismus in Richtung Computer weist. Mit dem Betätigen des Auswurfknopfs am Laufwerk wird die Diskette wieder ausgegeben.

Heute weithin bekannt und zumeist verwendet sind die CD-ROM (*compact disc read-only memory*, heißt soviel wie »kompakte Scheibe nur zum Lesen«) und die DVD (*digital versatile disc*, heißt soviel wie »digitale vielseitige Scheibe«), die die Diskette nahezu ersetzt haben. Auf einer CD-ROM (Kapazität zwischen 650 und 900 MB) sind Daten gespeichert, sie kann nur gelesen, nicht aber neu beschrieben – also mit neuen Daten versehen werden, die man speichert. Daher gibt es solche Wechselmedien in der Ausführung CD-R (R für *recordable*, also beschreibbar) und CD-RW (RW für rewriteable, also wieder beschreibbar) – erstere kann einmal beschrieben, das Geschriebene aber nicht mehr gelöscht werden, zweitgenannte kann hingegen mehrmals beschrieben und der Inhalt wieder gelöscht werden.

Die CD wird nach einem Tastendruck in das CD-Laufwerk gelegt. Das ist eine herausfahrende »Schublade«, in

Die Köf zieht eine CD. Wie aus der Beschriftung des Speichermediums hervorgeht, handelt es sich dabei um eine CD-RW, also die wieder beschreibbare (»rewriteable«) Form. Empfehlenswert ist die Aufbewahrung der CDs in einer solchen Klarsichthülle mit »Auswurfvorrichtung«. Vorteil: Die CD ist leicht zu entnehmen, was in der Originalverpackung nicht immer der Fall ist. Zudem gestattet der klare Kunststoff den Blick auf die Beschriftung der CD (mit wasserfestem Stift und nur auf der bedruckten Seite vornehmen!).

die man die CD mit der Beschriftung nach oben einlegt. Die Schublade wird durch erneute Tastenbetätigung geschlossen.
Die CD ist inzwischen weiterentwickelt worden, heraus gekommen ist dabei die DVD, die gleich mehrere GB Speicherplatz bietet (auch hier gibt es einmal beschreibbare und immer wieder beschreibbare Varianten, analog DVD-R und DVD-RW genannt).
Sehr empfehlenswert ist der Einsatz eines so genannten USB-Stick (USB = *universal serial bus*, heißt in etwa soviel wie Universal-Steckplatz, ein Standard zum Anschluss von Peripheriegeräten), ein etwa daumengroßes Steck-Wechselmedium, das von außen an den USB-Steckplatz des Computers angestöpselt wird. Seine Kapazität beträgt in etwa die einer CD, er kann aber schneller beschrieben und gewechselt werden und ist durch sein handliches Format für den Einsatz besonders prädestiniert. Er eignet sich in erster Linie für den Datenaustausch zwischen zwei Rechnern.

Blick auf das CD-Laufwerk eines Notebooks, es ist mit einem Tastendruck ausfahrbar. Zu erkennen ist die Aufnahme für die CD. Der Lese- bzw. Abtastkopf, mit dem die Daten abgenommen werden, befindet sich gut geschützt im Gehäuse des Rechners.

Ein USB-Stick auf einem Rungenwagen der CFL – exotischer geht's nimmer. Das Gerät hat laut Aufdruck eine Kapazität von 256 MB, das ist schon recht viel. Z. B. passten die gesamten Datensätze (Text plus Screenshot-Bildateien) dieses Buchs auf das kleine Speichermedium. Einziger Nachteil: Da er so winzig ist, sucht man ihn ständig…

In einen Computer sind in der Regel eine Sound- und eine Grafikkarte eingebaut. Hierfür sind spezielle Steckplätze im Gerät vorgesehen, zudem stehen weitere Steckplätze zur weiteren Ausrüstung zur Verfügung. Mit einer Soundkarte kann der Rechner Töne erzeugen und sie an vorgesehene oder anzuschließende Lautsprecher weitergeben. Eine Grafikkarte ist Voraussetzung für die Darstellung auf dem Monitor, also dem Bildschirm. Von ihrer Qualität hängen Farbtiefe, Auflösung und Geschwindigkeit der Bildschirmdarstellung ab. Gerade für unsere Zwecke ist das von Belang, etwa im Hinblick auf Spiele oder das Zeichnen von Gleisplänen.

Unter Farbtiefe versteht man die Anzahl darstellbarer Farben, sie wird in Bit angegeben. Heutige Geräte verfügen über eine Farbtiefe von 24 bzw. 32 Bit und ermöglichen damit die Darstellung mehrerer Millionen von Farben. Die Auflösung gibt die Anzahl der so genannten Bildpunkte (engl. *pixel*) eines Monitors an. Üblich sind bei Notebooks 1024 (in der Waagerechten) mal 768 (in der Senkrechten) Pixel, also 786.432 Bildpunkte, und bei stationären Geräten 1600 mal 1200 Pixel, also 1.920.000 Bildpunkte. Es leuchtet ein, dass die detailreiche Darstellung mit einer hohen Auflösung besser möglich ist als mit einer geringeren – man denke an gering auflösende Fotos in einer Tageszeitung und an hochauflösende Fotos einer Hochglanzpostille.

Eine Lautsprecherbox, in diesem Fall eine Ausführung, die per USB-Stecker an den Computer anzuschließen ist. Es gibt auch andere Ausführungen, deren Stecker aber mit speziellen Kupplungen an jeden PC anpassbar sind.

Wichtig ist die Geschwindigkeit einer Grafikkarte, denn das ist Ausschlag gebend dafür, wie schnell und flüssig z. B. Computerspiele, etwa die weiter unten behandelten Lokfahr-Simulationen, laufen.

Einfahrt in den Bahnhof! Bald ist die Computer-Theorie ausgestanden und es geht ans Ausprobieren.

1.2.2.2.2. EXTERNE GERÄTSCHAFTEN

Um den Computer internetfähig zu machen (das Internet als Informationsplattform für Modellbahner wird weiter unten ausführlich vorgestellt), verbindet man das Gerät über ein analoges Modem mit dem Telefonanschluss. Das ist dann aber eine sehr langsame Verbindung. Schneller geht's mit einem so genannten ISDN-Adapter oder noch schneller mit einem DSL-Modem. Letztere benötigen aber einen dafür geeigneten, speziellen Telefonanschluss.

Ein Modem ist in Form einer Steckkarte entweder im Computer eingebaut oder als externes Gerät von außen mit dem Computer zu verbinden.

Zum Computer gehören sodann eine ganze Reihe externer Geräte, die die so genannte Peripherie bilden. Sie sind nicht im Gerät selbst eingebaut, sondern werden über Kabel oder Steckverbindungen mit dem Computer verbunden. (Davon ist ein Laptop natürlich zu unterscheiden, denn es beinhaltet Monitor, Maus und Tastatur bereits).

Der Bildschirm (*Monitor* oder das *Display*) wandelt die Informationen, die er von der Grafikkarte erhält, in Signale um, die als farbige Lichtpunkte auf dem Monitor zu erkennen sind. Alle Lichtpunkte zusammen ergeben das Bild. Die Größe des Bildschirms wird in Zoll (= 2,54 cm) angegeben, dabei wird die Bildschirmdiagonale gemessen, deren Größe von 12 Zoll bei sehr kleinen, nicht empfehlenswerten Monitoren bis zu 21 Zoll messenden Geräten reicht.

Die Tastatur eines Notebooks; sie entspricht im Wesentlichen der einer Schreibmaschine. Beim Kauf einer Tastatur sollte man darauf achten, dass die Tasten leichtgängig und nicht zu hoch sind. Gerade letztere Bauausführung führt schnell zur Ermüdung der Finger. Ganz unten am Bildrand ist übrigens der touchpad zu erkennen, der zur Bewegung des Mauszeigers dient (funktioniert nicht bei schwitzigen Fingern).

Die Eingabe von Befehlen in den Computer erfolgt über die Tastatur (engl. *keyboard*, heißt soviel wie Schlüsselbrett), auf ihr sind die Buchstaben und Zeichen im Prinzip wie bei einer konventionellen Schreibmaschine angeordnet. Die wichtigsten Tasten sind die Umschalttaste (*shift*), z. B. für die Großschreibung, die Eingabetaste (*return*) zum Bestätigen bzw. zum Erzeugen eines Absatzes sowie die Leertaste (*space*), mit der Leerstellen erzeugt werden.

Von Belang sind auch die Steuerungstaste (*control*, abgekürzt Ctrl oder auch Strg), die in Kombination mit anderen Tasten bestimmte Befehle erzeugen kann; die Funktionstasten F1-F12, die je nach Computerprogramm bestimme Funktionen auslösen; die Pfeiltasten, mit denen man die Einfügemarke (den *Cursor*) bewegen kann; die Rückschritt-Taste (*backspace*) löscht Zeichen links des Cursors, die Entfernen-Taste (*delete*) die rechts davon.

Mit der Maus (engl. *mouse*, weil das Ding mit dem Kabel fast genauso aussieht) lässt sich der Mauszeiger auf dem Bildschirm bewegen. Durch Druck auf die linke Maustaste wird diejenige Funktion ausgeführt, deren Symbol der Mauszeiger soeben berührt. Drückt man die linke Maustaste zweimal kurz hintereinander, hat man einen Doppelklick ausgeführt, der bestimmte Funktionen auslöst. Bei Notebooks ist die Maus fest eingebaut, entweder als eine Art Gummistöpsel mitten in der Tastatur, der jede Bewegung durch den Zeigefinger in Bewegungen des Mauszeigers umsetzt, oder als so genanntes *touchpad* (»Berührungspfad«), auf dem man mit einem Finger

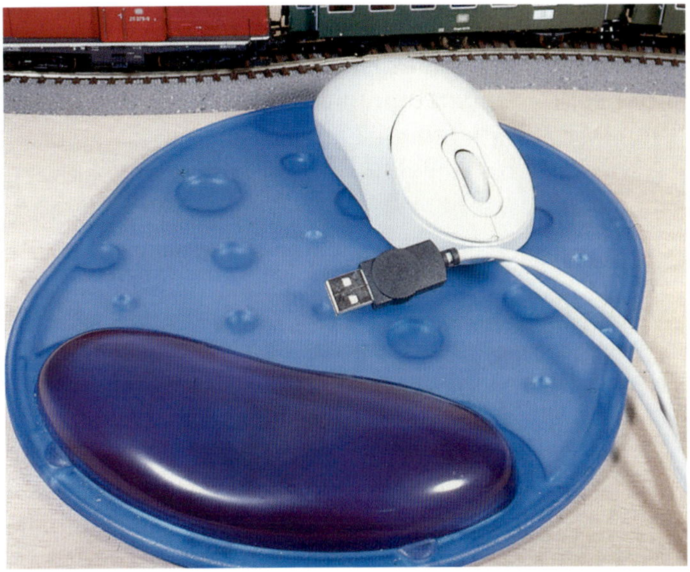

Eine Maus mit USB-Anschluss, es gibt aber auch Mäuse mit davon abweichenden Steckern, die man aber wieder über Kupplungen (gibt's im Elektrofachhandel) anpassen kann. Bei der Installation sollte man genau nach Vorschrift vorgehen, um Probleme mit dem Maustreiber zu verhindern.

hin- und herfahren kann, wodurch der Mauszeiger seine Lage entsprechend verändert.

Die durch entsprechende Eingaben im Rechner ausgelösten Veränderungen an Dateien können vom Benutzer auch ausgegeben werden. Hierfür nutzt man einen Drucker (*printer*). Heute werden in erster Linie zwei Arten von Druckern angewendet: der Tintenstrahldrucker (*inkjet*), bei dem, wie es der Name verrät, kleine Tintentröpfchen aufs Papier spritzen und vorgesehene Zeichen formen, und der Laserdrucker, bei dem mithilfe eines Lasers Toner-Farbpulver an bestimmten magnetisierten Punkten des zu beschreibenden Papiers haften bleibt und so die Zeichen formt.

In der Anschaffung sind Tintenstrahldrucker billiger, die Tintenpatronen (für etwa 500 Blatt) schlagen aber bisweilen kräftig zu Buche. Der Laserdrucker ist teurer, aber schneller. Er zahlt sich durch die niedrigeren Betriebskosten (Papier, Druckerkartu-

Ein preiswerter Tintenstrahldrucker mit einer Leistung von etwa zwei Seiten pro Minute, das dürfte für den Hobbygebrauch genügen. Den Ausdruck nicht sofort mit den Händen anfassen, bisweilen ist die Tinte noch nicht ganz trocken und verschmiert dann. Zur Reinigung des Druckers (bei verwischtem Druckbild zu empfehlen) gibt es spezielle auf den jeweiligen Drucker abgestimmte Systeme.

sche für bis zu 1500 Blatt) aus und ist bei hohem Druckaufkommen zu empfehlen. Beide Geräte gibt es auch für farbige Druckaufgaben.
Die Druckauflösung wird in dpi (*dots per inch*, »Bildpunkte pro Zoll«) angegeben, darunter ist das Produkt der waagerechten und senkrechten Bildpunkte auf einer Bildfläche zu verstehen. Anzustreben ist eine hohe dpi-Zahl, bedeutet sie doch in der Regel eine bessere Bild- und Textdarstellung.

1.2.3. BETRIEBSSYSTEM

Soviel zur Hardware, doch noch würde der Computer nicht laufen. Was fehlt noch? Richtig, ein Betriebssystem, abgekürzt OS für die englische Entsprechung *operating system*. Es versetzt den Rechner in die Lage, Programme anzuwenden und mit ihnen zu arbeiten. Mit dem OS werden die einzelnen Komponenten des Computers gewissermaßen miteinander in Beziehung gesetzt. Ein solches Betriebssystem hat eine Steuerungsfunktion (es regelt die angeschlossenen Gerätschaften), eine Verwaltungsfunktion (es betreut sozusagen die gespeicherten Dateien), eine Bereitstellungsfunktion (indem es die grafische Benutzeroberfläche zur Verfügung stellt) und eine Grundlagenfunktion (es stellt die Basis aller Anwendungsprogramme dar, mit denen der Betreiber arbeiten will).
Schaltet man den Computer ein, so wird das OS von alleine geladen, diesen Vorgang bezeichnet man als »*booten*« (von engl. »Stiefel«, der Computer »stiefelt« so zu sagen los). Derzeit gibt es mehrere Betriebssysteme, zu denen ganz spezielle Programme gehören. Ein zum OS »A« gehörendes Programm läuft unter dem Betriebssystem »B« nicht, man sagt, es ist nicht kompatibel, passt also nicht zu ihm. Beim Erwerb eines Programms muss man also darauf achten, dass es zum eingesetzten Betriebssystem passt. Das für den Einsatz notwendige OS wird auf der Verpackung unter Systemanforderungen genannt.

Die wichtigsten Betriebssysteme sind das Mac OS des Apple Macintosh-Computers, es läuft nur auf Computern dieses Herstellers. Dieser Rechner hat in den 1980er-Jahren der heute üblichen grafischen Benutzeroberfläche zum Durchbruch verholfen. Einstmals wurden Computern über kryptische Buchstaben-Zahlen-Kombinationen Befehle erteilt. Seitdem es grafische Benutzeroberflächen gibt, werden die möglichen Befehle mittels Bildsymbolen (so genannten *icons*) veranschaulicht. Mithilfe der Maus wird auf diese icons geklickt, entweder wird dann die gewünschte Funktion sofort ausgeführt oder es öffnet sich ein Fenster (*box*) mit weiteren möglichen Funktionen.
Weite Verbreitung hat Windows gefunden, es besitzt ebenfalls eine grafische Benutzeroberfläche, entsprechend viele Programme existieren für dieses System. Daher ist es für den Privatmann besonders interessant, denn die meisten Spiele laufen unter diesem OS.
Im Unterschied zu den beiden erstgenannten OS ist Linux kein kommer-

zielles Produkt, es ist vielmehr von Programmierern auf freiwilliger Basis entwickelt worden. Daher ist es und so gut wie alle zugehörigen Programme gratis aus dem Internet herunterladbar.

1.3.1. BEDIENUNG

Gesetzt den Fall, man ist stolzer Besitzer eines Computers und hat sich für ein Betriebssystem entschieden, dann kann man das Gerät endlich einschalten. Nachdem der Computer hochgefahren ist, erscheint die je nach Betriebssystem ausgeführte grafische Benutzeroberfläche. Da sie sich trotz unterschiedlicher OS ähneln, können grobe Verallgemeinerungen getroffen werden. Die Beschreibung basiert aufgrund der großen Verbreitung auf dem Betriebssystem Windows.

Zunächst befindet man sich nach dem Hochfahren im so genannten Desktop, der Schreibtischoberfläche. Durch Drücken der Start-Taste gelangt man zum Verzeichnis aller Dateien und Programme, dem so genannten Explorer. Dort können Dateien kopiert, verschoben und gestartet werden.

Kleine Bilder (*icons*) symbolisieren

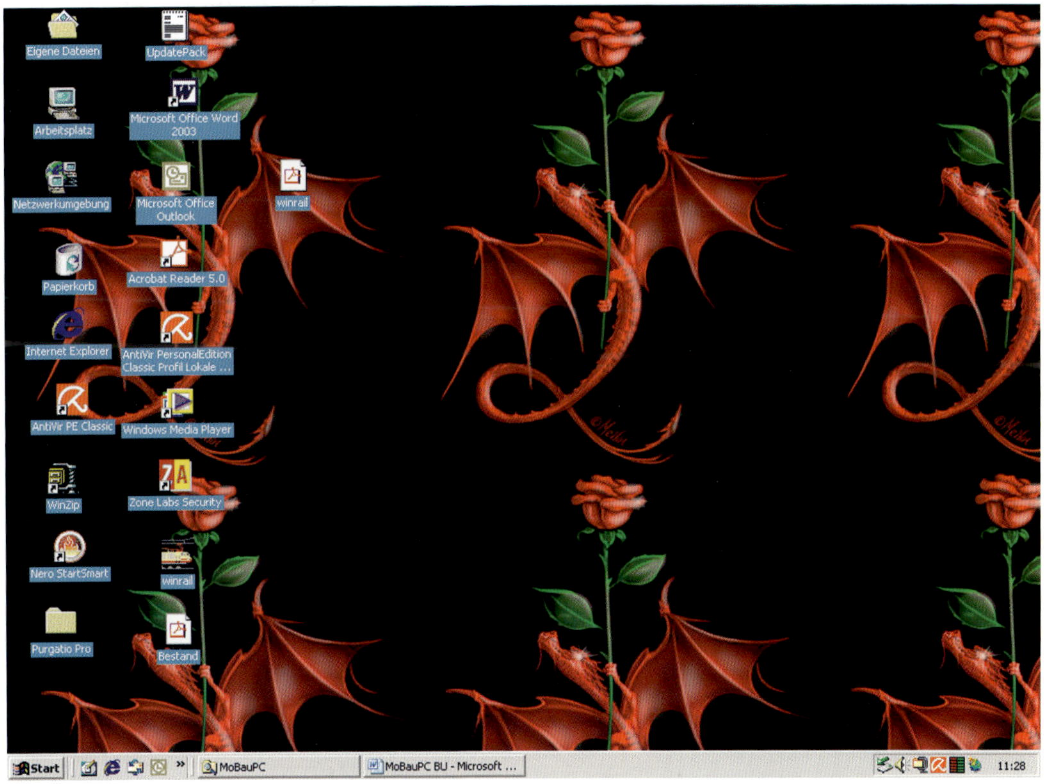

Ein Blick auf den Desktop des Autors, je nach Geschmack lässt sich die »Schreibtischoberfläche des PC« individuell gestalten. Unter dem Menü »Systemsteuerung« klickt man die Option »Anzeige« an und wählt dann »Hintergrund«. Dort kann man dann seine zuvor eingescannten und in Ordnern abgelegten Lieblingsbilder als Desktopbild laden.

Dateien, Verzeichnisse (erkennbar am Bild »Sammelordner«) und Programme, dabei steht der Name der betreffenden Datei, des Verzeichnisses oder des Programms jeweils direkt daneben.
Mittels Doppelklick (zweimal rasch hintereinander die linke Maustaste betätigen) öffnet man ein Verzeichnis und weitere Unterverzeichnisse sind zu sehen. Ein Programm startet man durch den Doppelklick und eine Datei wird durch diese Operation in einem bestimmten Programm geöffnet, so dass sie lesbar bzw. bearbeitbar wird.
Man verschiebt Dateien, indem man auf einen betreffenden icon klickt, aber die Maustaste nun nicht loslässt, sondern mit der Maus und damit dem Mauszeiger in das gewünschte Verzeichnis fährt. Das funktioniert immer nur innerhalb ein und derselben Festplatte, zu verschiebende Dateien und das Zielverzeichnis befinden sich also auf ein und derselben Festplatte. Befindet sich das Zielverzeichnis für eine zu verschiebende Datei z. B. auf einem Wechselmedium und man verfährt wie oben beschrieben, kopiert man die Datei, sie existiert dann zweimal.

1.3.1.1. FENSTER UND DIALOGBOXEN

Es ist der große Vorteil eines Computers, dass mit ihm Texte, Bilder etc. darstellbar sind, die größer als der

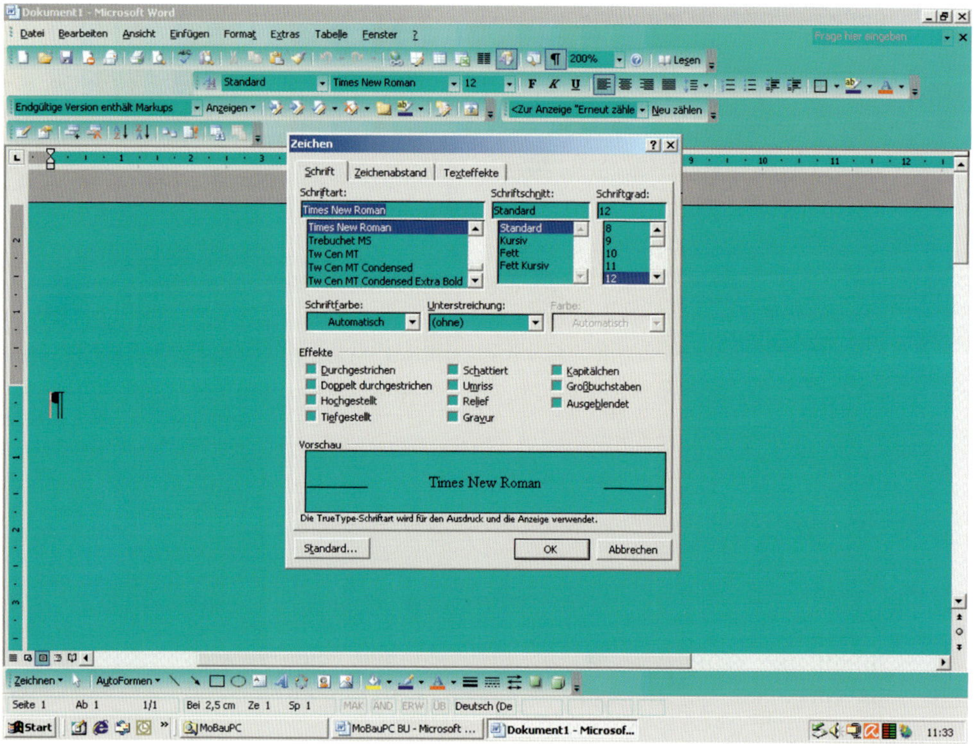

Hier ist das Fenster des Menüs »Format« geöffnet worden. Darin kann man sich seine gewünschten Einstellungen für einen zu formatierenden Text auswählen und durch anklicken die entsprechenden Veränderungen auslösen.

Bildschirmplatz, also der sichtbare Ausschnitt auf dem Monitor, sind. Der gewünschte Bild- oder Text-Ausschnitt wird in einem so genannten Fenster betrachtet. Dieses wird am oberen Rand begrenzt, wo der Name der geöffneten Datei erscheint; der obere Rand wird als Titelleiste bezeichnet. Rechts oben besitzt die Titelleiste kleine Symbole, durch Anklicken kann man das zugehörige Fenster minimieren oder maximieren, aber auch schließen (meist ein »x«). An der rechten unteren Ecke besitzt das Fenster eine »geriffelte« Fläche. Klickt man sie an, hält die Maustaste gedrückt und verschiebt dann den Mauszeiger, so kann man das Fenster stufenlos vergrößern oder verkleinern. Am rechten Rand des Fensters sind oben und unten Richtungspfeile zu sehen. Durch einen Klick kann man das Fenster jeweils nach oben oder nach unten verschieben, das heißt, zuvor weiter ober- oder unterhalb des Fensterausschnitts befindlicher, verdeckter Text wird sichtbar. Zwischen den Richtungspfeilen befindet sich der Rollbalken, mit dem sich ebenfalls per Mausklick, Festhalten der Taste und Ziehen der Fensterausschnitt verschieben lässt.

Ein Programm stellt bestimmte Funktionen zur Verfügung. Sie sind in der

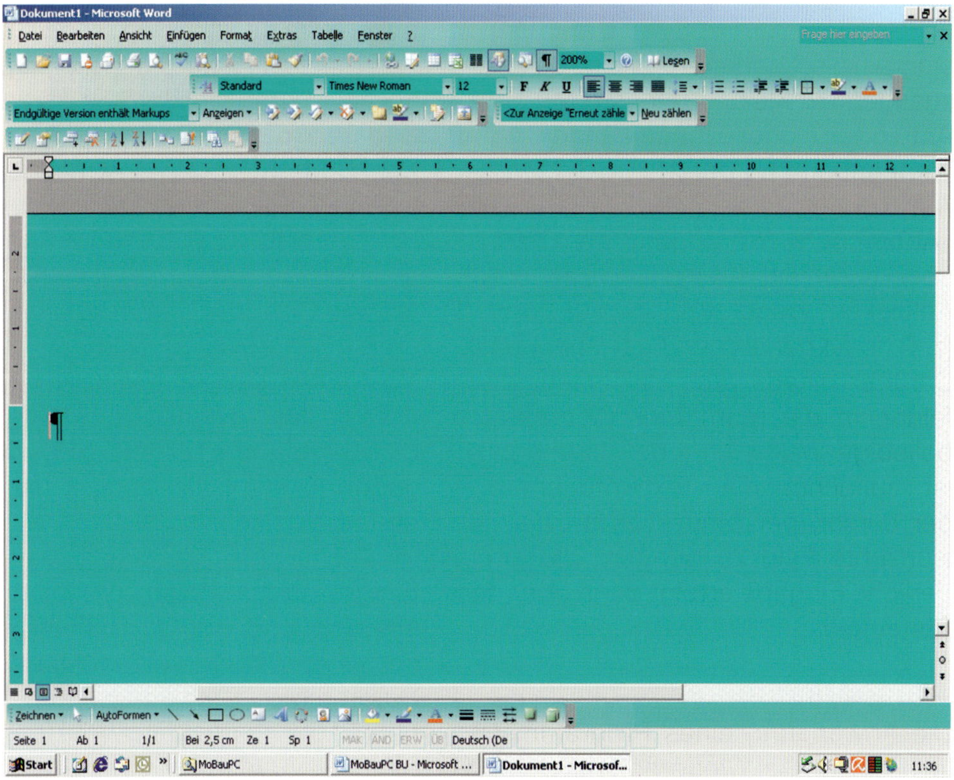

Ein Blick auf die Menüleiste des Word-Textverarbeitungs-Programms. Durch einen Klick auf die Buttons und icons öffnen sich weitere Untermenüs.

Menüleiste, einer waagerecht am oberen Bildschirmrand oder unterhalb der Titelleiste eines Fensters angeordneten Befehlsliste, anklickbar. Jeder Befehl besitzt ein eigenes Untermenü, das per Mausklick geöffnet werden kann. Dann ergibt sich eine vertikal angeordnete Liste von Menüpunkten. Klickt man einen von ihnen an, so ergeben sich weitere Unterpunkte. Links unten ist der Start-icon zu sehen, er symbolisiert das Windows-Startmenü. Dort ist die Auswahl des zu startenden Programms zu sehen.

Bisweilen wird der Anwender vom Programm aufgefordert, bestimmte Einstellungen vorzunehmen oder Entscheidungen zu treffen. Dann öffnet sich eine so genannte Dialogbox, sozusagen ein kleines Fenster. Mögliche Antworten oder Einstellungen sind vorgegeben und durch Klicken auf die Antwortmöglichkeiten wie »OK« oder »Abbrechen« zu geben, denkbar ist aber auch ein Kästchen, das durch Anklicken quasi »angekreuzt« wird (z. B. in so genannten Auswahlmenüs). Darüber hinaus gibt es Texteingabefelder, in die man über die Tastatur beliebige Werte eingeben kann. Dazu ist zunächst die Texteinfügemarke, der cursor, per Mausklick in das gewünschte Feld zu bringen, die erforderliche Eingabe erfolgt dann über das Tastenfeld.

1.3.1.2. ROUTINEN

Die Anwendung eines Programms ist im Prinzip die Wiederholung der immergleichen Arbeitsschritte. Zunächst startet man das Programm durch einen Doppelklick, sodann öffnet sich ein »leeres« Fenster, das man sich wie ein unbeschriebenes Blatt Papier vorstellen kann.
Nach der Bearbeitung wählt man auf der Menüleiste die Funktion »Datei« und in deren Untermenü die Option »Speichern«. Damit ist die erarbeitete Datei auf die Festplatte gebannt. Beim erstmaligen Speichern wird man aufgefordert, der neuen Datei einen Namen zu geben und das Verzeichnis auszuwählen, in dem die Datei abgelegt werden soll. Das Programm beendet man durch Anklicken der Option »Beenden« im Menü »Datei«.
Will man eine bereits erstellte Datei anschauen, kann man zwei Wege beschreiten. Ist das zur Bearbeitung notwendige Programm noch nicht aktiviert, so doppelklickt man auf dem Desktop auf die gewünschte Datei. Der Computer öffnet dann das Programm und kurz darauf die Datei zur Bearbeitung. Ist das Programm bereits aktiviert, so kann man im Menü »Datei« die Option »Öffnen« anklicken und erhält dann eine Auswahl an Dateien. Man wählt dann mit einem Klick das richtige Verzeichnis, klickt dann auf die betreffende Datei, worauf diese geöffnet, also zur Bearbeitung geladen wird.

Einige Arbeitsweisen, die für das Verständnis und die Bearbeitung der im Folgenden vorgestellten Modellbahn-Programme notwendig sind, seien noch kurz vorgestellt. Will man Textteile oder Bilder aus einer Datei in eine andere transportieren, so nutzt man die Möglichkeit der Zwischenablage.

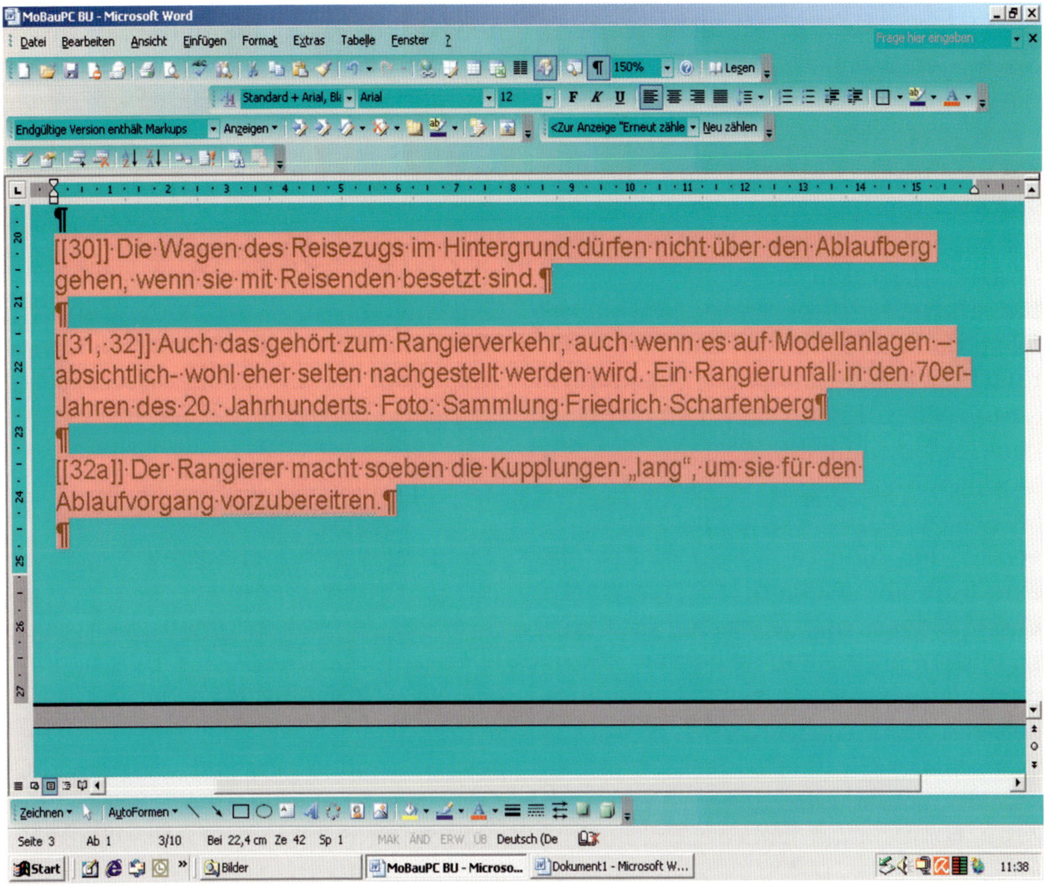

Hier wurde ein Bereich markiert, was der Computer farblich hervorhebt.

Hierfür markiert man einen betreffenden Textteil, indem man den ersten Buchstaben des Abschnitts anklickt und mit gedrückt gehaltener Maustaste bis zum Ende des auszutauschenden Textabschnitts fährt. Dieser Textteil wird dann sofort mit einer anderen Farbe vom Computer hervorgehoben. Das funktioniert auch mit Bildelementen, die man durch Anklicken markiert. Im Menü »Bearbeiten« klickt man dann den Befehl »Ausschneiden« an. Das markierte Element wird sodann ausgeschnitten und in die Zwischenablage transportiert. Man wechselt dann in die Zieldatei und klickt an die gewünschte Stelle, an der das ausgeschnittene Element eingefügt werden soll. Dann aktiviert man im Menü »Bearbeiten« den Befehl »Einfügen« und schon wird das Element eingefügt.

1.3.2. WICHTIGSTE PROGRAMMGATTUNGEN

Berücksichtigt werden nur für den Modellbahner relevante Programme. Man unterscheidet dabei Textverarbeitung, DTP, Mal- und Bildbearbeitungsprogramme, Zeichenprogramme und Datenbanken. Die Preisspanne solcher

Programme reicht von einigen Euro bis in den dreistelligen Bereich. Allerdings gibt es auch so genannte freeware (»freie Ware«), deren Anwendung kostenlos ist. Davon muss man die shareware (»Teilware«) unterscheiden, die für einen bestimmten, vorher definierten Zeitraum kostenfrei anwendbar ist. Nach Ablauf dieser Einsatzzeit fallen dann aber Kosten an.
Kurz seien die einzelnen Programmgattungen vorgestellt, immer im Hinblick auf die Einsatzfähigkeit für den Modellbahner.
Mit einem Textverarbeitungsprogramm, etwa Word, fungiert ein Computer wie eine Schreibmaschine, doch mit dem Vorteil, dass das Geschriebene bis zum Befehl »Drucken« jederzeit verändert werden kann. Als Einsatzmöglichkeiten könnte man sich das Erstellen individueller Straßen- oder Bahnhofsschilder vorstellen.
Z. B. könnte man sich ein Schild anfertigen wie:

Gepäckabfertigung

Nach der Eingabe des Worts wird das Menü »Format« angeklickt und das Untermenü »Rahmen und Schattierung« ausgewählt, dort wählt man einen passenden Rahmen aus.
Das sieht dann so aus:

Gepäckabfertigung

Dann zieht man den linken und den rechten Rand ein. Dafür geht man in das Menü »Format« und wählt das Untermenü »Absatz«. In das Textfeld »Einzug« gibt man dann für »Links« und »Rechts« jeweils den Wert 6 ein. Und schon sieht es so aus:

Gepäckabfertigung

Denkbar wäre auch die Anfertigung von Schildern wie:

GLEIS 5

Man kann solch ein Schild mit verschiedenen Schriften (eben die, die der Computer zur Verfügung stellt, das können je nach Programm unterschiedlich viele sein, darunter auch gotische Schriftarten (z. B. Old English), was für den Epoche-1-Bahner hilfreich sein kann) anfertigen und bis zu einem gewissen Maßstab verkleinern, für die Baugröße H0 reicht das in jedem Fall aus.
Selbstverständlich eignet sich ein Textverarbeitungsprogramm für die

Abfahrt	ab (Gleis)	Abfahrtszeit	Ankunftszeit	an (Gleis)	Ankunftsort
Astadt	5	8.05	8.15	2	Bdorf
Ckaff	1	8.25	9.07	1	Dhausen
Ebach	2	8.30	10.00	3	Fingen

gesamte schriftliche Dokumentation der heimischen Modellbahn, z. B. das Schreiben eines Drehbuchs beim Bau einer Anlage, das Anfertigen einer Bahnhofsfahrordnung oder das Anlegen eines Fahrplans mit der Tabellenfunktion (Abb. auf S. 38).

DTP-Programme

Das sei nur der Vollständigkeit halber genannt: Die Arbeit, Druckschriften und Zeitschriften am Computer zu erzeugen, bezeichnet man als desk top publishing (DTP), also als Veröffentlichung am Schreibtisch. Es gibt hierfür echte Profiprogramme wie Quark XPress, das aber aufgrund seiner hohen Lizenzgebühren für den Privatmann ausscheiden dürfte. Dem Modellbahner genügen die Grafikfunktionen der meisten Textverarbeitungen vollauf.

Mal- und Zeichenprogramme

Es gibt zahlreiche Mal- und Zeichenprogramme (etwa CorelDraw oder Illustrator) für den Computer, die meisten sind jedoch – auch von den Anschaffungskosten – Profis vorbehalten, die damit ihr Geld verdienen. Mit Bildbearbeitungsprogrammen können Fotografien, die für den Computer etwa durch Einscannen (also das Übertragen eines Positiv- oder Negativbilds in einen Datensatz) aufbereitet worden sind, verändert werden. Da sowohl Mal- und Zeichenprogramme als auch Bildbearbeitungssoftware über grafische Benutzeroberflächen verfügen, sind sie im Prinzip wie ein Textverarbeitungsprogramm zu bedienen. Das heißt: um ein Werkzeug zu aktivieren, muss es angeklickt werden. Mit Bildbearbeitungsprogrammen wie Photoshop oder Photo-Paint kann man auch malen.

Weitere Details sparen wir uns an dieser Stelle, sie würden alleine schon ein Buch füllen.

Datenbank und Tabellenkalkulation

Zur Ordnung von Daten oder zur übersichtlichen Ablage von großen Datenmengen werden Datenbanken angelegt. Die einfachste Anwendung wäre z. B. eine Adresssammlung. Mit einer Suchfunktion kann man dann schnell einen bestimmten Namen ausfindig machen. Für Privatnutzer kommen dabei z. B. Filemaker oder Microsoft Access infrage.

Einen Schritt weiter ist da schon die so genannte Tabellenkalkulation, wie sie etwa das Programm Microsoft Excel (Abb. auf S.40) bietet. Es besteht im Prinzip zunächst aus leeren Spalten und Zeilen, einer Tabelle eben. Man könnte jetzt z. B. darin seine monatlichen Ausgaben für das Hobby auflisten. Das Programm berechnet dann automatisch die monatlich aufgewendete Gesamtsumme oder aufs Jahr gesehen die durchschnittliche Ausgabe pro Monat und, wenn es denn sein muss, auch für den Tag. Diese Ergebnisse sind auch in Form eines Diagramms darstellbar.

1.3.3. INSTALLATION

Hat man ein Programm erworben oder im Internet heruntergeladen, muss man es vor der ersten Benutzung auf dem Computer installieren. Darunter versteht man das Kopieren der Pro-

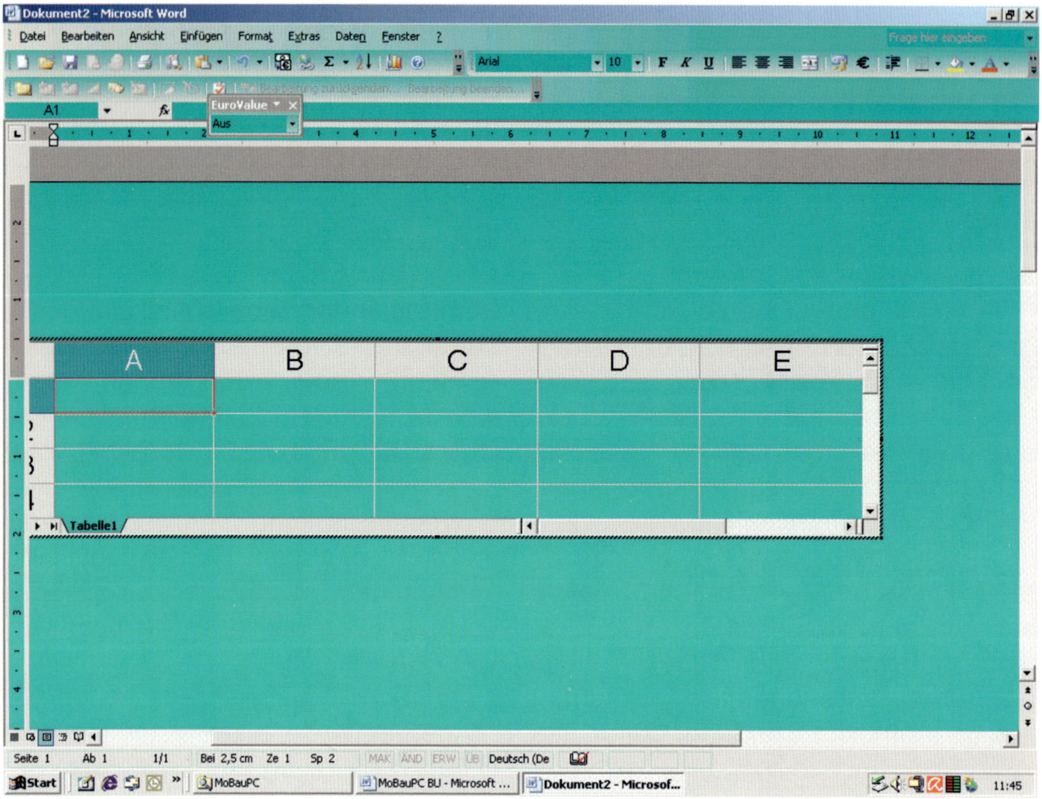

Eine Datei des Tabellenkalkulationsprogramms Excel. Es bietet sich zum Beispiel zur Fahrplangestaltung an.

grammdateien auf die Festplatte. Ein Programm besteht neben den zum Betrieb notwendigen Dateien auch aus dem mitgelieferten Installationsprogramm. Es kopiert – in der Regel (hoffentlich) – alle notwendigen Dateien automatisch in die richtigen Verzeichnisse, fragt dabei unter Umständen auch eine Registriernummer ab, die den rechtmäßigen Besitzer von Raubkopierern unterscheidet und mit der sich der Anwender als rechtmäßiger Besitzer der Software ausweisen kann. Es sollte auch für uns Modellbahner selbstverständlich sein, dass wir keine Raubkopien benutzen. Ich gehe einmal davon aus, dass auch der Raubkopierer einer Arbeit nachgeht. Doch wie würde er sich wohl fühlen, wenn er für seine geleistete Arbeit kein Geld bekommen würde? Solchen Leuten, deren angerichteter Schaden uns allen teuer zu stehen kommt, sollte man ihr Tun vor Augen führen.

Und damit wieder zurück zum Thema: Wer Computerprogramme miteinander vergleicht, stellt fest, dass unterschiedliche Versionen ein und desselben Programms im Umlauf sind. Woran liegt das? Nun, Computerprogramme sind ständiger Weiterentwicklung unterworfen, werden also ständig verbessert und leistungsfähiger. Um nun das Programm »Modellbahnfreak« von seinem Vorgänger unterscheiden zu können, wird dem Produktnamen eine so genannte Versionsnummer zugefügt: »Modellbahnfreak 2« ist demnach die Nachfolgeversion von »Modellbahnfreak 1«.

Nun findet man aber auch die Version »Modellbahnfreak 1.0« und »1.1« oder gar die Version »Modellbahnfreak 2.0« und »2.1«. Nun mit dieser Nummerierungsweise kennzeichnet der Hersteller Überarbeitungen des Programms: Der Modellbahnfreak 1 unterscheidet sich von der Version 1.1 oder 1.2 geringfügig, wahrscheinlich sind einige wenige Punkte verbessert worden. Anders ist es bei der Version 2.0, die sich in zahlreichen Punkten von den Versionen 1 und 1.1 unterscheidet, daher die höhere Zahl in der Versionskennzeichnung; hingegen unterscheidet sich die Version 2.1 von der Version 2.0 wohl kaum.

1.3.4. VIREN

Wer mit seinem Computer nicht im Internet surfen will und auf ihm ausschließlich ordnungsgemäß gekaufte Programme laufen lässt, dürfte mit Viren nichts zu tun bekommen. Viren und Würmer sind nämlich spezielle Programme, die andere Programme und ganze Dateien zerstören oder unbrauchbar machen können. Wie gelangt solch ein Schadprogramm auf den heimischen Computer? Entweder durch infizierte Software, indem man Software unseriöser Herkunft verwendet und beim Anklicken des Programms aktiviert, oder ein Virus kommt via Internet auf den Computer, etwa beim Surfen. Oftmals sind solche Schadprogramme auch in Bildern oder Plänen versteckt.

Sicher sein kann man beim Surfen auf den Homepages der bekannten Modellbaufirmen, gefährlicher wird es beim Surfen auf Privatseiten. Sicherheit gewähren Anti-Viren-Programme, von denen es mehrere gibt, darunter auch für Privatanwender kostenlose wie z. B. AntiVir (siehe unter: www.free-av.de).

2. Gleisplanung und Anlagenbau

Beginnen wir mit dem grundlegenden Einsatz des Computers für Modellbahnzwecke, der Gleisplanung. Sie steht auch am Anfang jeder neu projektierten Anlage, sei es, weil man irgendwo einen tollen Gleisplan gesehen hat, sei es, weil man ohnehin einen Neu- oder Umbau plant, oder sei es, weil man einfach gerne Gleispläne zeichnet, weil es so entspannend und kreativ ist...

Es gibt da ja verschiedene Temperamente: Der eine Hobbykollege entwirft einen Plan nach dem anderen, verbraucht unzählige Seiten Papier und baut dann doch nichts. Das ist tadelnswert, weil nichts dabei rauskommt. Wieder andere gehen da einfach ans Brett, will sagen an die Anlagenplatte, und bauen wild drauf los. Nicht schlecht, weil dabei zumindest was rauskommt. Und wieder andere entwerfen einen durchdachten Gleisplan und sehen eine komplette Anlage detailliert in Handzeichnungen vor und bauen dann doch eine ganz andere. Akzeptabel, weil wieder was dabei rauskommt.

Seien wir ehrlich, das Hauptproblem beim Entwerfen ist doch die Frage nach der tatsächlichen Baubarkeit. Das Problem ist nämlich immer der zur Verfügung stehende Platz und die Gefahr beim Skizzieren auf Papier ist enorm, dabei ein Megaprojekt zu gestalten, dessen Platzbedarf die Realität bei Weitem übersteigt.

2.1. Traditionelles – mit Papier und Bleistift

Zugegeben, spätestens beim Reinzeichnen werden die überzogenen Vorstellungen auf ein erträgliches Maß gestutzt, dann sieht man, ob der zur Verfügung stehende Platz für den gewünschten großzügigen Luxusradius ausreicht oder eben nicht. Das

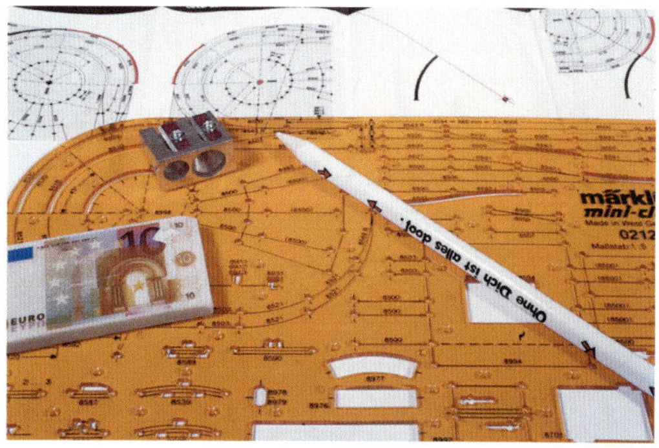

Gleisplanung nach guter alter Sitte mit Radiergummi, Gleisplanungsschablone und Bleistift. Vorteil: allerleichteste Handhabbarkeit; Problem: Man irrt sich leicht und durch zeichnerische Ungenauigkeiten schleichen sich ärgerliche Fehler ein, so dass der Plan hinterher beim Bauen unter Umständen nicht aufgeht.

Vorgehen ist dabei immer dasselbe: Einer ersten frohgemut entworfenen Skizze folgen maßstabsgerechte Zeichnungen und schließlich die Reinzeichnung, die mit der ersten Skizze oftmals nicht mehr viel gemein hat, weil die ausufernden Wünsche eben auf ein realistisches Maß gestutzt werden mussten – so ist es und so

geht es vielen Hobbykollegen immer und immer wieder – Frust ist vorprogrammiert.
Sicher kann man durch die Verwendung von Gleisplanschablonen der Gleishersteller realistisch planen, so dass sich überzogene Hoffnungen gleich gar nicht einstellen. Den zeichnerisch weniger Begabten unter uns bleibt die weitere Ausgestaltung dann aber vorbehalten, dabei wäre es doch wünschenswert, eine Anlage bereits im Planungsstadium unter verschiedenen Perspektiven beurteilen zu können, oder? Man könnte dann Planungsfehler einfacher beheben als nach begonnenem Anlagenbau. Daher: Bleistift, Schablone und Radiergummi weggeschmissen und zur Tastatur gegriffen.

2.1.1. SCHWER WIEGENDE VORTEILE

Auf dem Markt sind eine ganze Reihe von mehr oder weniger leistungsfähigen, mehr oder weniger komplizierten Gleisplanungsprogrammen. So einfach wie das Zeichnen mit Lineal und Gleisplanungsschablone ist ihre Bedienung freilich nicht, obwohl man nach etwas Einarbeitungszeit ansehnliche Ergebnisse hinbekommt. Aber diese Software hat eine Reihe – wie ich finde – unschlagbarer Vorteile:

- exakte Planung auf dem vorgegebenen Platz
- Planung bis ins Detail
- nach Einarbeitung rascher Fortschritt
- Änderungen problemlos möglich (ohne Radiergummi und durchgescheuertes Papier)
- Pläne beliebig oft vervielfältigbar
- Ansichten aus verschiedenen Perspektiven ohne Aufwand möglich

Der Markt der Gleisplanungsprogramme zerfällt im Prinzip in zwei Gruppen: Es gibt so genannte Zweidimensional- und Dreidimensional-Planer, der Unterschied liegt in der Darstellung. Ersterer gewährt eine Sicht auf den Plan aus der Vogelperspektive, letzterer gestattet auch räumliche Ansichten.
Im Beispiel soll die Gleisplanungssoftware WinRail in der aktuellen Version 8 von Gunnar Blumert (Adresse siehe Anhang) vorgestellt und eine Einführung gegeben werden.

2.1.2. FUNKTIONEN

Eine begrüßenswerte Einrichtung des Programms ist die grafische Oberfläche, die die Bedienung vereinfacht. Erwähnenswert ist dort die so genannte Tooltip-Funktion: Wählt der Anwender mit dem Mauszeiger einen icon an, so wird für eine gewisse Zeit ein Text eingeblendet, der die mit dem icon verbundene Funktion erläutert.
Damit zum eigentlichen Programm und ein paar Bemerkungen vorab: Es ist schlichtweg weder möglich noch sinnvoll alle Optionen, die ein Programm wie WinRail bietet, im Rahmen dieses Buchs vorzustellen. Das ist aber auch nicht das Ziel. Es geht mir vielmehr darum, die Möglichkeiten, Vorteile und Chancen, die diese Software stellvertretend für andere vergleichbare Produkte bietet, darzustellen und ein wenig den Respekt vor solchen Programmen zu nehmen. Die Anwendung macht Spaß und das soll

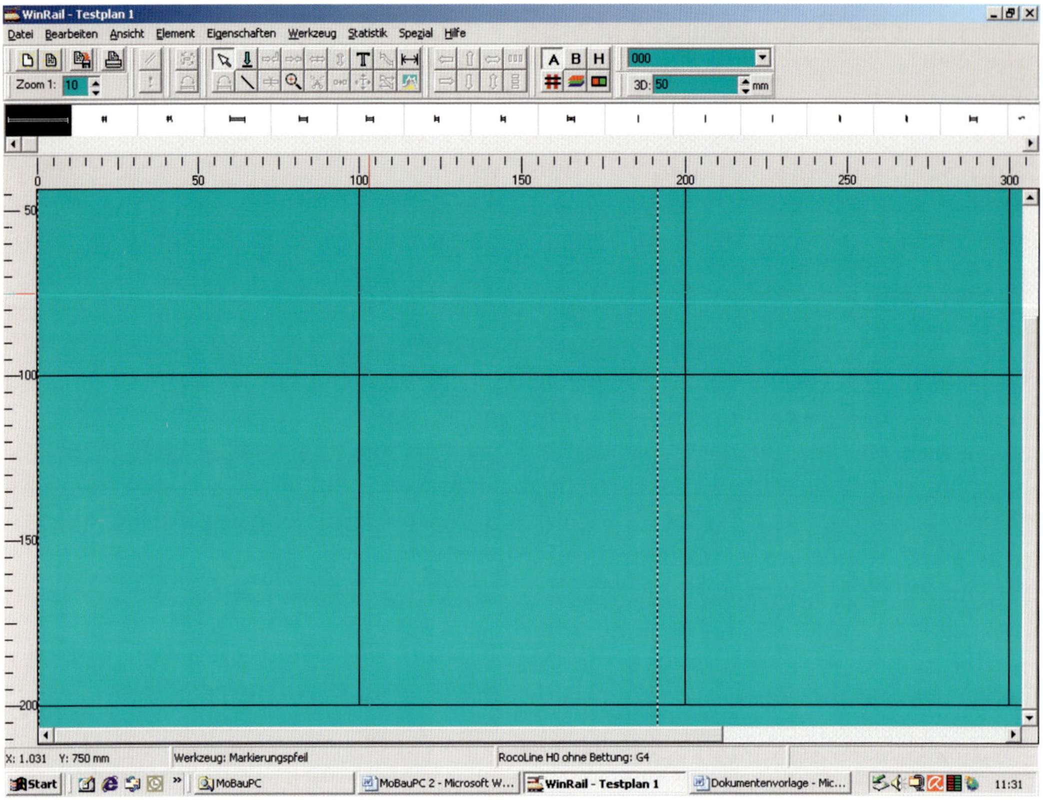

Ein Blick auf die grafische Bedienungsoberfläche von WinRail.

ja das Ziel der Beschäftigung mit der Modellbahn und allen zu ihr gehörigen Dingen sein.

2.1.3. ERREICHBARES

Was kann das Programm? Es kann Gleispläne im Maßstab von 1:1 bis 1:2000 absolut maßstabsgetreu entwerfen und dabei eine Anlagenfläche von bis zu 3000 mal 3000 Quadratmetern verwalten – was den meisten Hobbykollegen reichen dürfte. Es kann die geplante Anlage dreidimensional darstellen und dabei reichhaltiges Zubehör wie Landschaftsbaumaterialien (Bäume, Häuser etc.) sowie Oberleitungen und sogar Verdrahtungsteile mit in den Plan aufnehmen. Eine detaillierte Vorausplanung ist dabei in komfortabler Weise möglich, wie man sie als Papier-und-Bleistift-Krieger wohl kaum so rasch, in so sauberer und zuverlässiger Art hinkriegen dürfte.

Für den Planer sind auch die weiteren Möglichkeiten von Bedeutung. Das Programm kann nämlich sogar Gleiswendeln und Oberleitungen erzeugen und berechnen, auch die Einrichtung von Steigungen und Parallelstrecken ist möglich. Dabei bietet die Software darüber hinaus die Option, komplette Stücklisten zu erstellen und – als besonders witziger, aber umso wich-

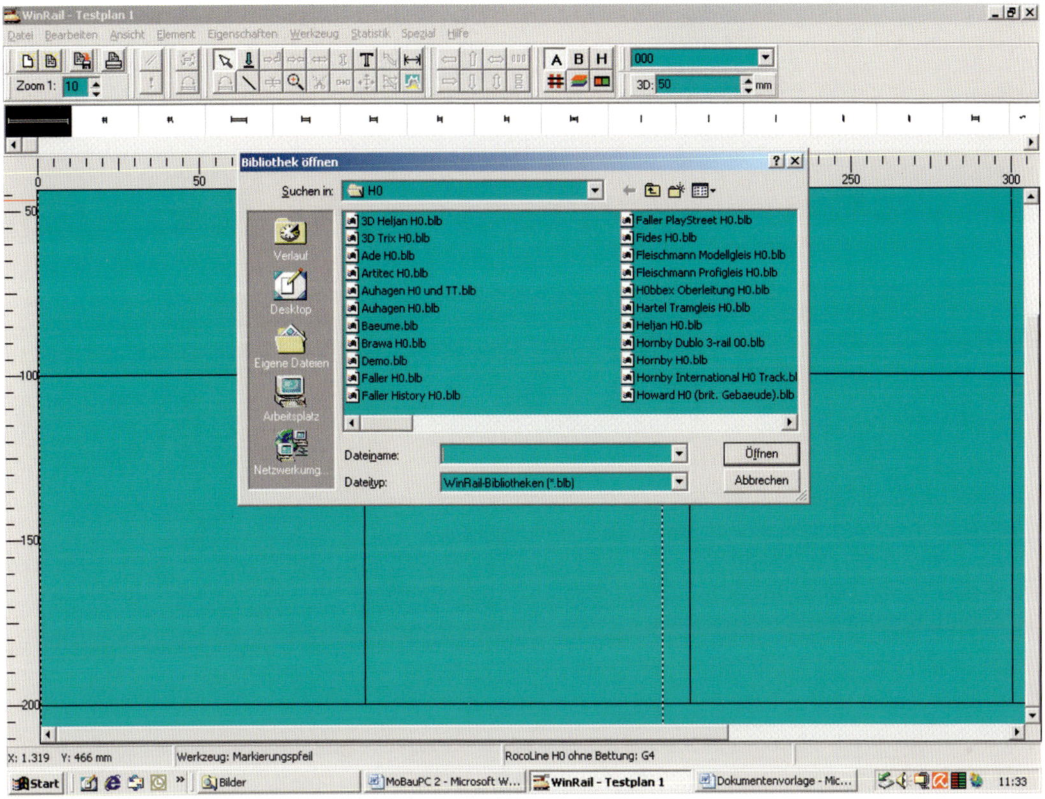

Ein Blick in die Gleisbibliothek von WinRail.

tigerer Gag – es findet Kurzschlüsse. Die Installation ist einfach und entspricht der anderer Softwareprogramme (Windows starten, CD einlegen, das Startmenü startet automatisch, Befolgen der Installationsanweisungen; das Programm startet man durch Doppelklick im Windows-Startmenü oder durch Auswahl der auf dem Desktop abgelegten Verknüpfung.) Die Systemvoraussetzungen sind das Betriebssystem Windows 98, ME, NT, 2000 oder XP, ein Pentium-Prozessor mit mindestens 300 MHz sowie ein 32-MB-Arbeitsspeicher, die Festplatte sollte mindestens 45 MB freien Speicherplatz besitzen.

2.1.4. BEDIENUNG

Das Planungs-Programm wird so bedient wie andere Windows-Programme auch. Nach dem Start sieht man eine leere Arbeitsfläche mit darüber angeordneter Werkzeugleiste. Um einen Plan zu entwerfen, muss man eine Bauteile-Bibliothek laden (Menü »Element« dort »Bibliothek laden«).
Auf der Werkzeugleiste befindet sich der icon »Zoom«, mit dem sich die Darstellungsgröße des Plans verändern lässt. Für das Beispiel habe ich einen Bildschirm-Darstellungs-Maßstab von 1:13 gewählt, natürlich sind alle Daten zwischen 1:1 und 1:2000 einstellbar. Im eingestellten Maßstab

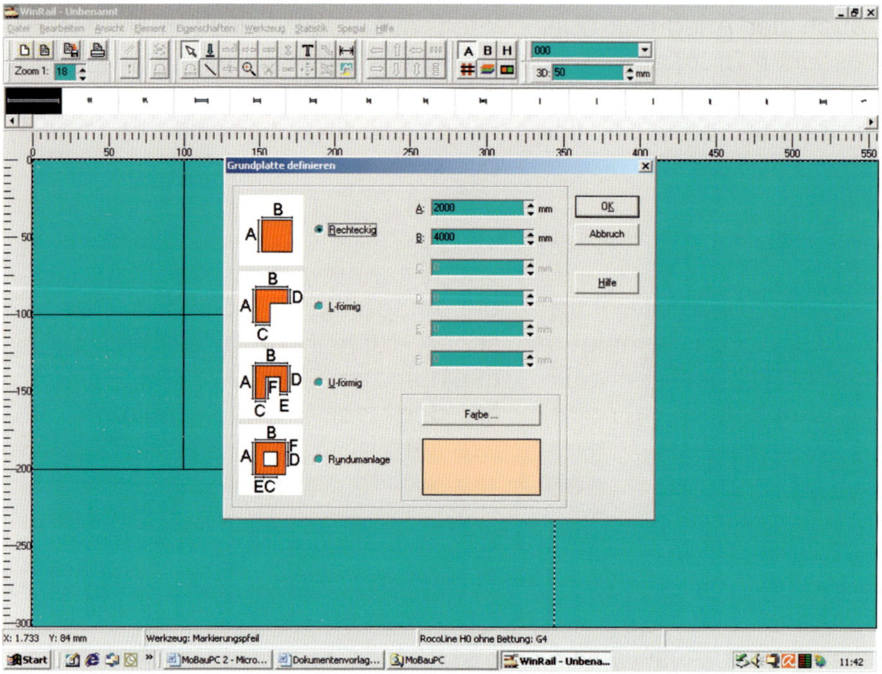

Aus einer Reihe vorgegebener Grundflächen kann man sich seine Wunschform aussuchen und die betreffenden Parameter eingeben, den Rest erledigt WinRail.

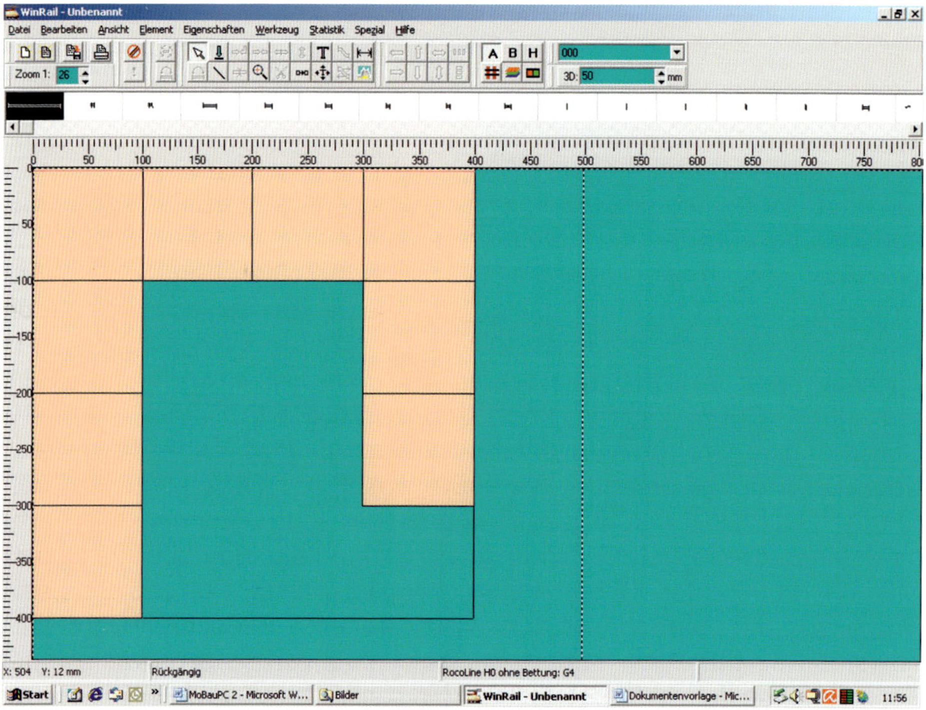

Ein »offenes U«, wie diese Anlagenform genannt wird, ist ebenfalls mit WinRail herstellbar. Das Programm hebt die künftige Planfläche farbig von der Umgebung ab.

erfolgt dann auch der Ausdruck über den angeschlossenen Drucker.
Dann definiert man die Größe der Arbeitsfläche, im Beispiel legen wir eine Plangröße von 2 mal 4 Meter an. Es sind einige Grundformen vorgegeben: Neben der Rechteckform auch die L- und U-Form sowie die Rundumanlage. Durch einfaches Bestimmen der Parameter in den zugehörigen Textfeldern ist so ziemlich jede Anlagenform wähl- und erzeugbar. Auch spätere Änderungen sind möglich.

2.1.4.1. DAS ZEICHNEN

Nachdem die Gleisbibliothek geladen worden ist (für das Beispiel verwenden wir Roco-Line-Gleise ohne Bettung), sucht man sich in der Auswahlleiste am oberen Rand der Arbeitsfläche das gewünschte Bauteil durch Anklicken aus. Dann klickt man auf der Werkzeugleiste auf den icon »Element plazieren« (oder klickt im Menü »Werkzeug« auf die entsprechende Option). Darauf fährt man mit dem Mauszeiger auf die Position im Plan, an der das ausgewählte Element erscheinen soll und klickt mit der linken Maustaste an der entsprechenden Stelle im Plan und schon erscheint das Gleisstück mit Artikelnummer.
Mit dem icon »A« kann man die Artikelnummer ausblenden, mit dem icon »Schwellen anzeigen« kann man das Gleis hervorheben. Jedes Gleiselement ist mit einer Bezeichnung aus Artikelnummer des Herstellers und näherer Funktionsbeschreibung versehen, bisweilen auch mit einer Höhenangabe, insofern das sinnvoll ist. Im Menü »Element« findet sich der Befehl »Bauteile-Compiler« laden, mit dieser Option lassen sich dann noch zusätzliche Beschreibungen anbringen.
Mit dem Menü »Ansicht« und der Option »Eigenschaften« gelangt man zu der Registerkarte »Ansicht«.

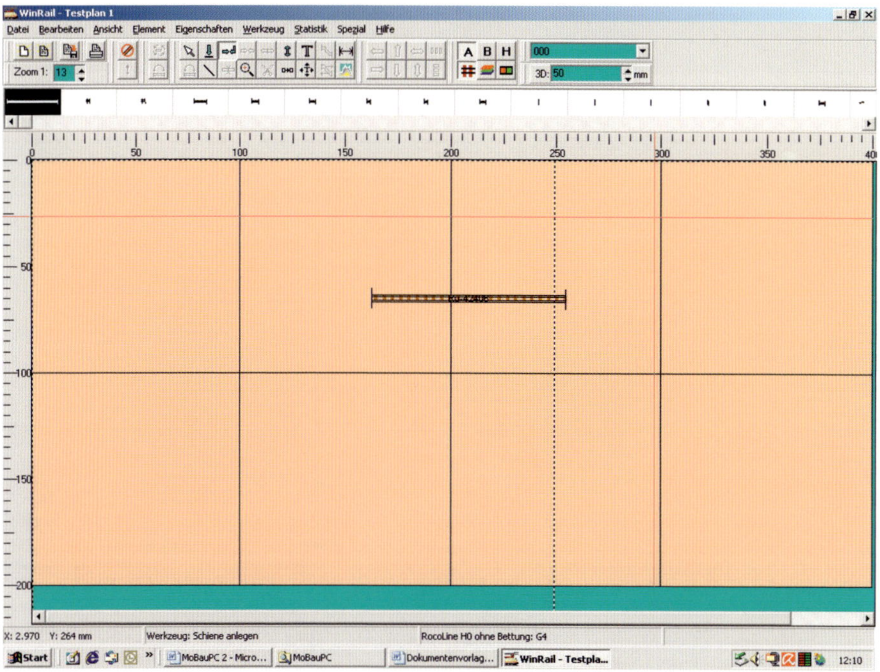

Bei diesem Gleis ist die Schwellen-Anzeige-Funktion aktiviert worden.

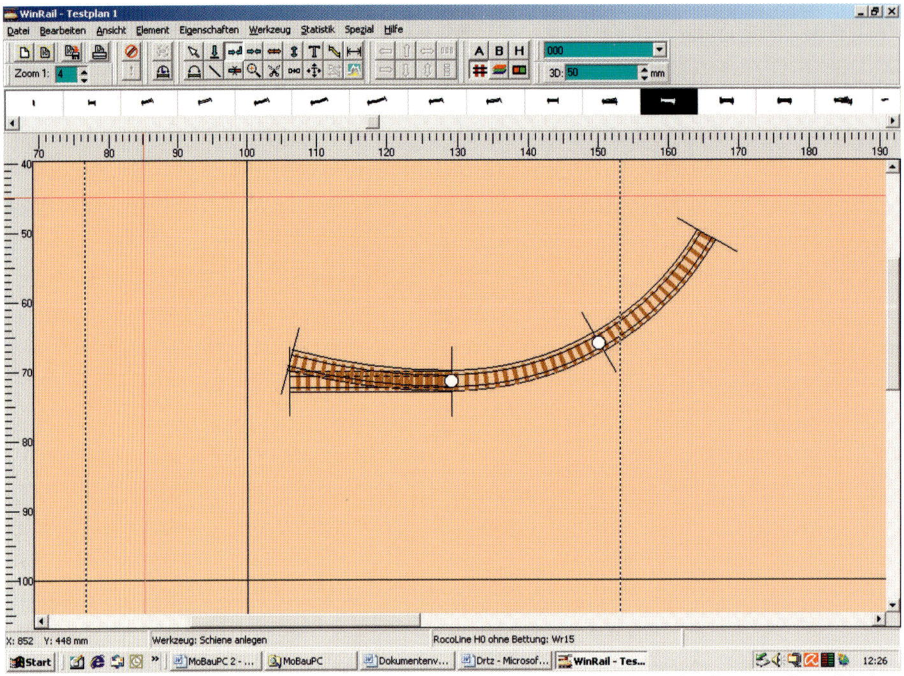

Automatisch fügt sich eine ausgewählte Weiche an die bereits liegenden Gleise an.

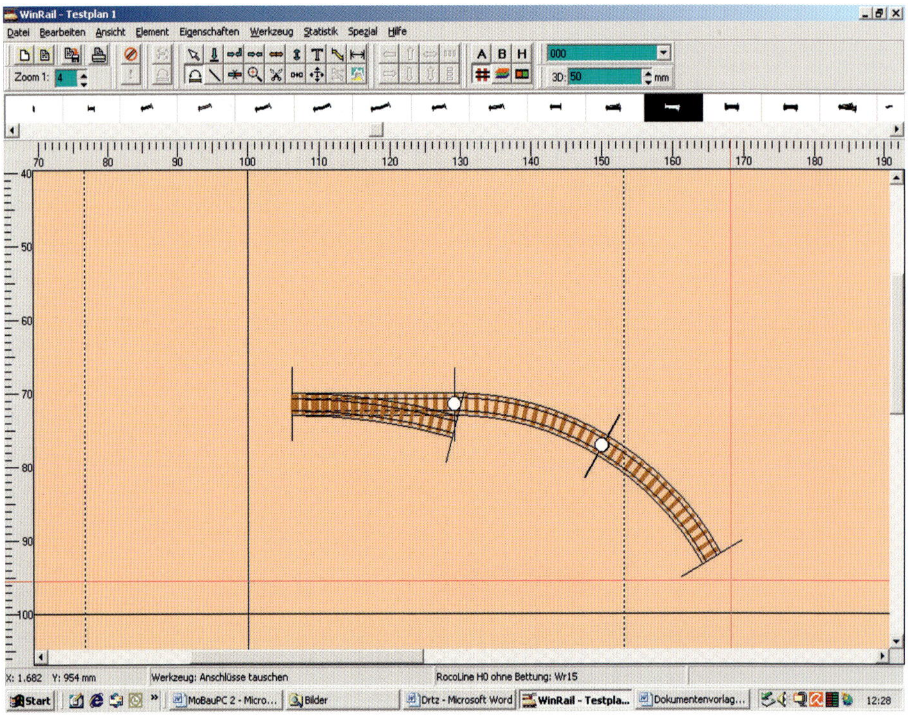

Mit dem icon »Werkzeug-Anschlüsse tauschen« wurde hier die Lage der Gleise verändert.

Durch Anklicken der Registerkarte »Oberfläche« entscheidet der Anwender über die Darstellungsart der Gleise: Möglich sind Linie, Doppellinie oder gefüllte Linie. Man sollte dabei ein wenig testen, denn die Darstellung benötigt Rechnerleistung. Falls die ausgewählte Darstellung der Gleise zu aufwendig sein sollte, kann sich das Rechnertempo – je nach Grafikkarte – erheblich verlangsamen. Dann ist es besser, z. B. die Gleisschwellen auszublenden, indem man das Häkchen in dem zugehörigen Auswahlfeld durch Anklicken entfernt.

Die Gleise sind noch weiter bearbeitbar, z. B. über das Menü »Element« und die Option »Eigenschaften«. Hier kann man festlegen, ob Böschungen gezeichnet werden und wie sie aussehen sollen, z. B. ob sie »gefüllt« dargestellt werden.

Nachdem das Gleis platziert worden ist, schaltet das Programm automatisch auf das Werkzeug »Schiene anlegen« um. An das bestehende Gleis können nun weitere Schienen angebunden werden. Sollte einmal das falsche Gleis platziert worden sein, so lässt sich die Aktion mit dem icon »Rückgängig« (roter Kreis) wieder aufheben.

Legt man gebogene Schienen oder Weichen, so kann es passieren, dass sie nicht in der erwünschten Position zu liegen kommen. Mit »Element-Anschlüsse tauschen« (im Menü »Werkzeug« oder der entsprechende icon auf der Werkzeugleiste) werden ein Anschluss nach dem anderen getauscht. Mit »Werkzeug-Anschlüsse tauschen« werden alle früher eingesetzten Gleise getauscht.

2.1.4.2. PFIFFIGE LÖSUNGEN

Damit lässt sich rasch ein Gleisplan entwerfen. Als Modellbahn-Praktiker weiß man, dass sich beim Gleisbau oftmals winzige Maßtoleranzen summieren und plötzlich gibt es irgendwo eine Lücke, die durch Ausgleichsstückchen beseitigt werden muss. Die Gleisplanungssoftware kann und will Maßtoleranzen bei den Gleissystemen nicht ausgleichen, denn das würde den Gleisplan unter Umständen verfälschen. Daher berechnet das Programm die Maßtoleranzen und summiert sie in einem Punkt, wo der Modellbahner dann entscheiden kann, ob sich ein Ausgleichsstück einsetzen lässt oder ob eine Sonderanfertigung die Lösung verspricht.

Wie geht es weiter? Nun werden Gleiselemente bearbeitet, also z. B. gedreht, verschoben oder gelöscht. Dazu wird der Werkzeug-Markierungspfeil eingesetzt, er findet sich auch im Menü »Werkzeug«. Um ein Einzelstück zu bearbeiten, muss man es mit »Werkzeug-Verbindung trennen« von seiner Umgebung lösen. Um das Bauteil zu verschieben, wird es markiert und bei gedrückt gehaltener Umschalt-Taste mit der ebenfalls gedrückt gehaltenen Maus auf dem Plan nach oben und/oder unten bewegt. Um mehrere Elemente zu markieren, klickt man die gewünschten Objekte bei gedrückt gehaltener Umschalt-Taste an.

Um einen Gleisabschnitt nicht versehentlich zu ändern – etwa weil er einem

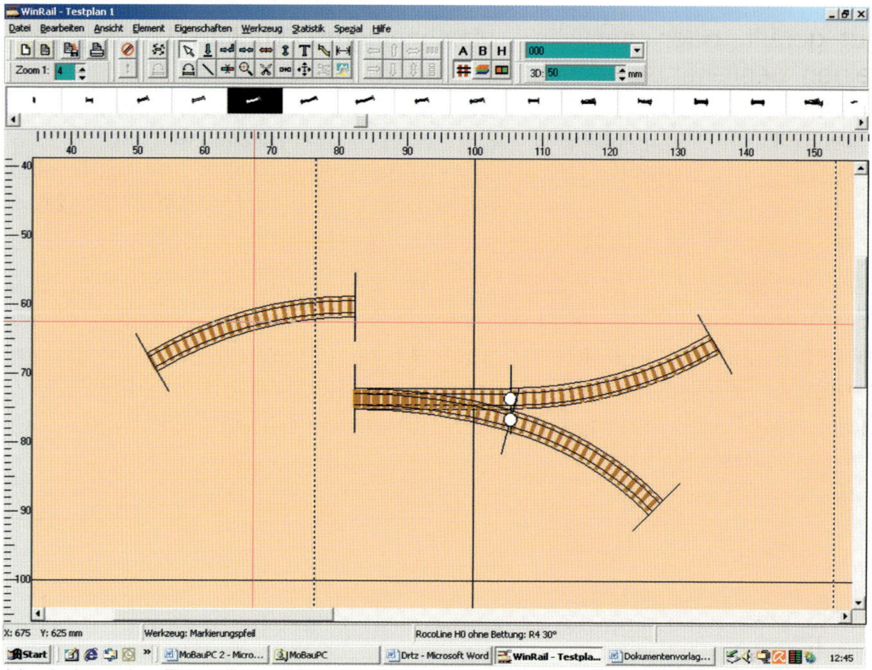

Nachdem das Bauteil markiert worden ist, kann man es mit gedrückt gehaltener Umschalt-Taste und ebenfalls gedrückt gehaltener Maustaste verschieben.

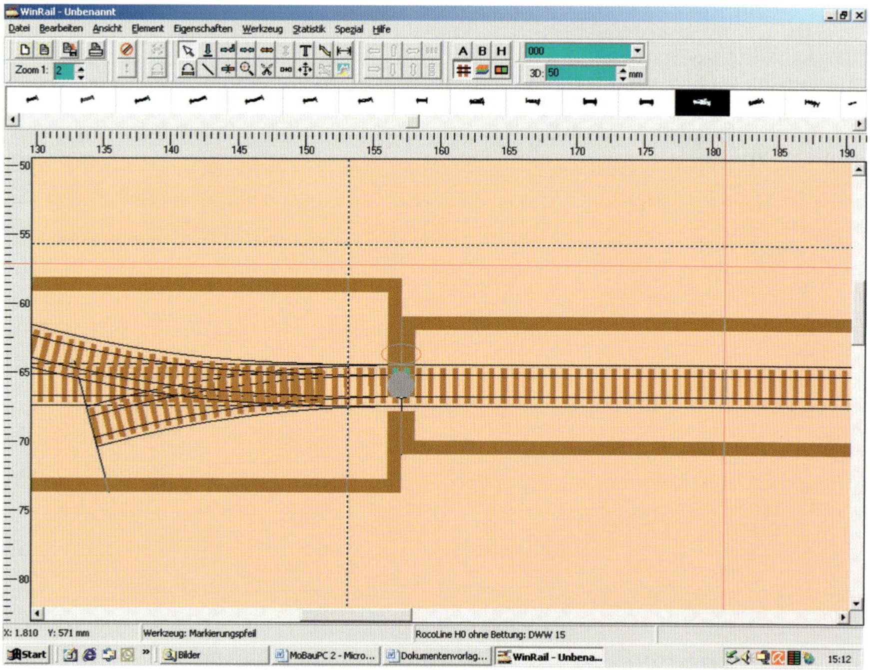

Zwei nach dem Markieren fixierte Gleisstücke. Man erkennt das an der fein in Rot eingezeichneten Schlinge um die Gleisenden.

besonders gut gefällt, oder man die Planung an einen bestehenden Anlagenteil anbinden will – fixiert man den entsprechenden Teil. Man markiert die Gleisstruktur und klickt im Menü »Element« »Eigenschaften« und macht in der Registerkarte »Allgemein« im Kasten »fixiert« ein Häkchen. Solcherart behandelte Elemente sind nun nicht mehr manipulierbar. Ausnahme: Man will an einen festen Gleisverbund ein weiteres Stück ansetzen und fixieren. Mit dem icon »Schiene an bestehendes Gleis anfügen« kann man ein beliebiges Gleis anklicken und unter gleichzeitigem Drücken der Strg-Taste anbinden.

Das sind die wichtigsten Befehle, mit denen man schnell einen Gleisplan erzeugen kann.

2.2. PRAKTISCHE HELFER

Gesetzt den Fall, man verfügt nun über einen Gleisplan. Um das benötigte Material besorgen zu können, ist eine Stückliste erforderlich. Dazu klickt man das Menü »Statistik« auf der Menüleiste an und wählt »Stückliste (gesamt)« aus. Schon erhält man eine Auflistung der benötigten Gleise

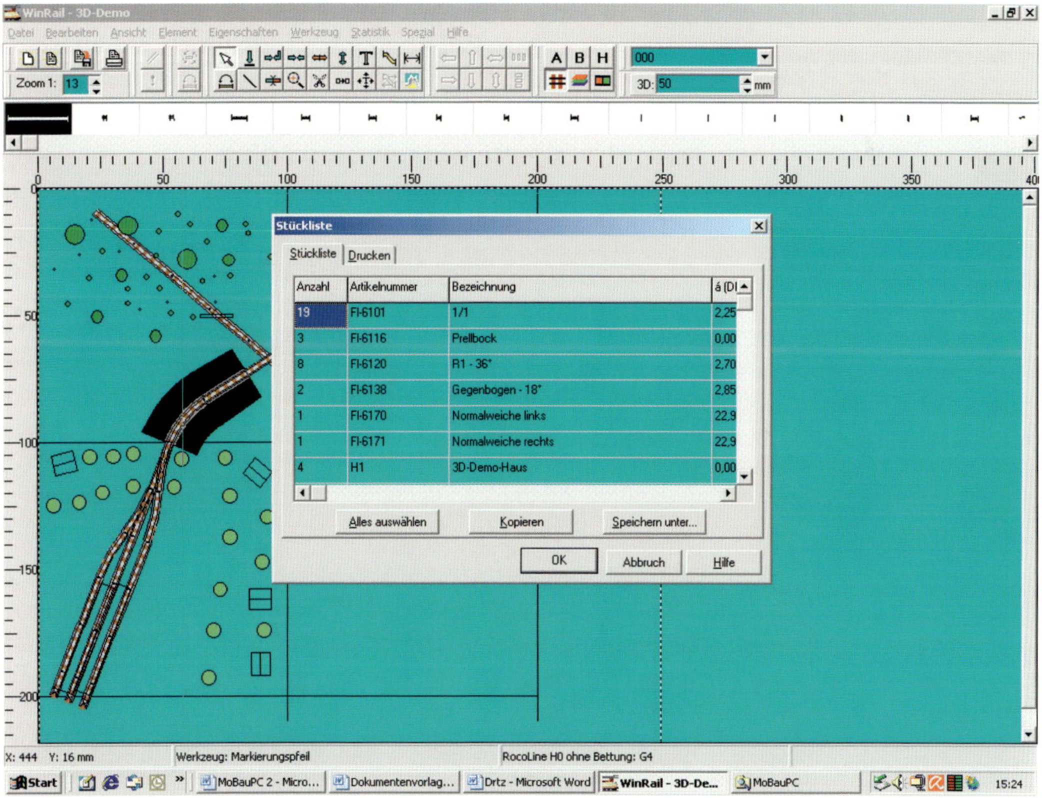

Einfach und schnell erhält man eine Stückliste mit dem Menü »Statistik« und der Option »Stückliste (gesamt)«. Der Preis wird hier übrigens noch in DM ausgegeben, weil ich diese Einstellung noch nicht verändert habe. Um das zu ändern, geht man unter »Systemsteuerung« auf die Option »Ländereinstellung« und gibt die gewünschte Euro-Währung ein.

mitsamt Kurzbeschreibung und näherungsweisem Preis.
Um den Bedarf mit dem eigenen Bestand an Material abzugleichen, bietet sich die Funktion »Bestand editieren« unter dem Menü »Statistik« an. Man gibt in die Textfelder den aktuellen Bestand ein und ändert gegebenenfalls auch gleich noch die Preise. Anschließend kann man unter »Statistik« den Gleis-Bedarf und -Bestand übersehen. Alle Optionen (Stückliste, Bedarf und Bestand) sind einzeln ausdruckbar.

Seine Vorteile kann das Programm dann beim Zeichnen von Flexgleisen ausspielen. Diese Bauteile sind nicht in den Bauteilbibliotheken zu finden, da sie sich ja nicht in eine feste, vorher bestimmbare Geometrie einfügen lassen. Im Werkzeug-Menü sind unter »Flexgleis« zwei Funktionen zu finden: »Einfügen« und »Formen«, die auch als icons vorhanden sind. Unter »Element« und »Eigenschaften« ist die Registerkarte »Flexgleise« zu finden. Dort kann der Anwender ein Flexgleis näher bestimmen.
Wie wird damit gearbeitet? Ein Flexgleis soll ja eine Strecke schön geschwungen weiterführen. Im Beispiel soll das Flexgleis eine geschwungene

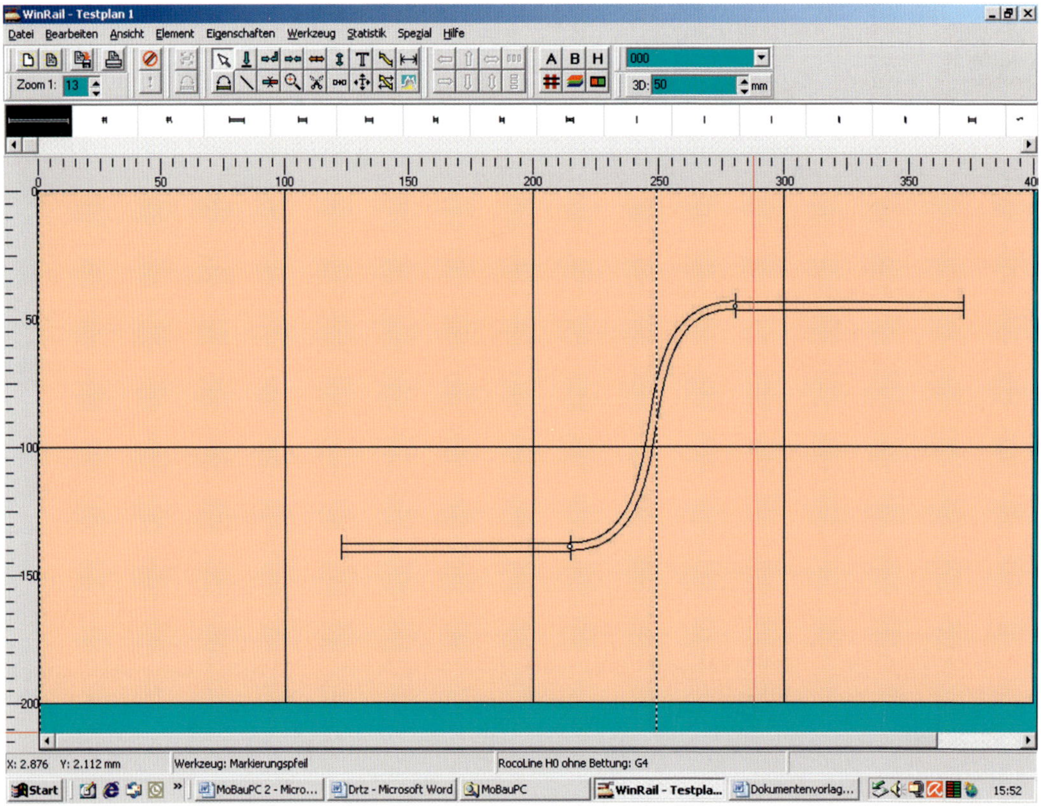

WinRail hat diese Flexgleisverbindung nach dem Anklicken des icons »Flexgleis einfügen« selbst erzeugt.

Verbindung zwischen zwei Strecken herstellen. Nachdem die beiden Streckenendpunkte existieren, klickt man den icon »Flexgleis einfügen« an und klickt dann auf die Enden der beiden Streckenäste. Und schon stellt WinRail eine Flexgleisverbindung her.
Unter dem Menü »Element« und der Option »Eigenschaften« gelangt man zur Registerkarte »Eigenschaften«, in der man »Flexgleise« auswählt. In dieser Karte kann man neben der Artikelnummer auch die Bezeichnung des Flexgleises eintragen. Einzutragen sind auch Länge und aktueller Preis der bezogenen Ware. In der Statistik-Funktion wird das Programm dann nämlich die Anzahl der benötigten Flexgleise und den Gesamtpreis ermitteln (der zwangsläufig anfallende Verschnitt wird allerdings nicht berücksichtigt, so dass der Anwender einige Stücke mehr kaufen sollte).

2.2.1. STEIGUNGEN, VERDRAHTUNG UND OBERLEITUNG

Ein weiterer Vorteil einer Gleisplanungssoftware ist die Möglichkeit, Steigungen darzustellen. Denn da tut sich der Handzeichner schon etwas schwerer. Zunächst weist man einem Endpunkt mit dem Werkzeug »Höhe«

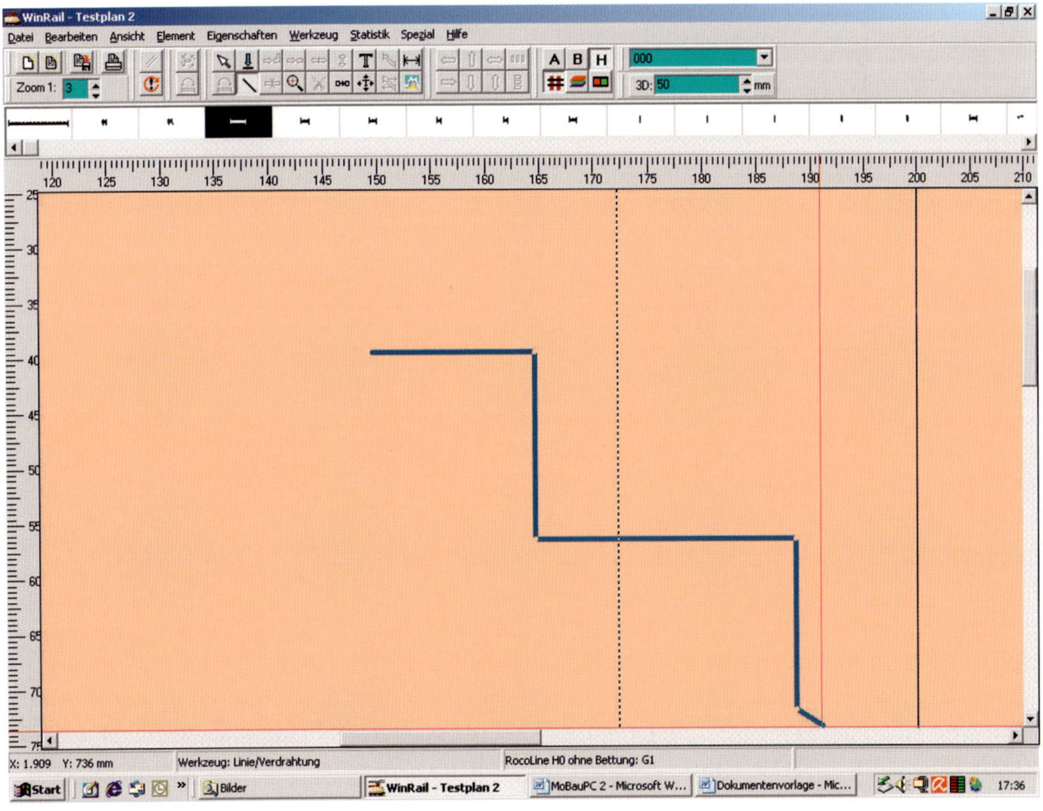

WinRail ermöglicht auch das Zeichnen von Verdrahtungen mit dem entsprechenden icon.

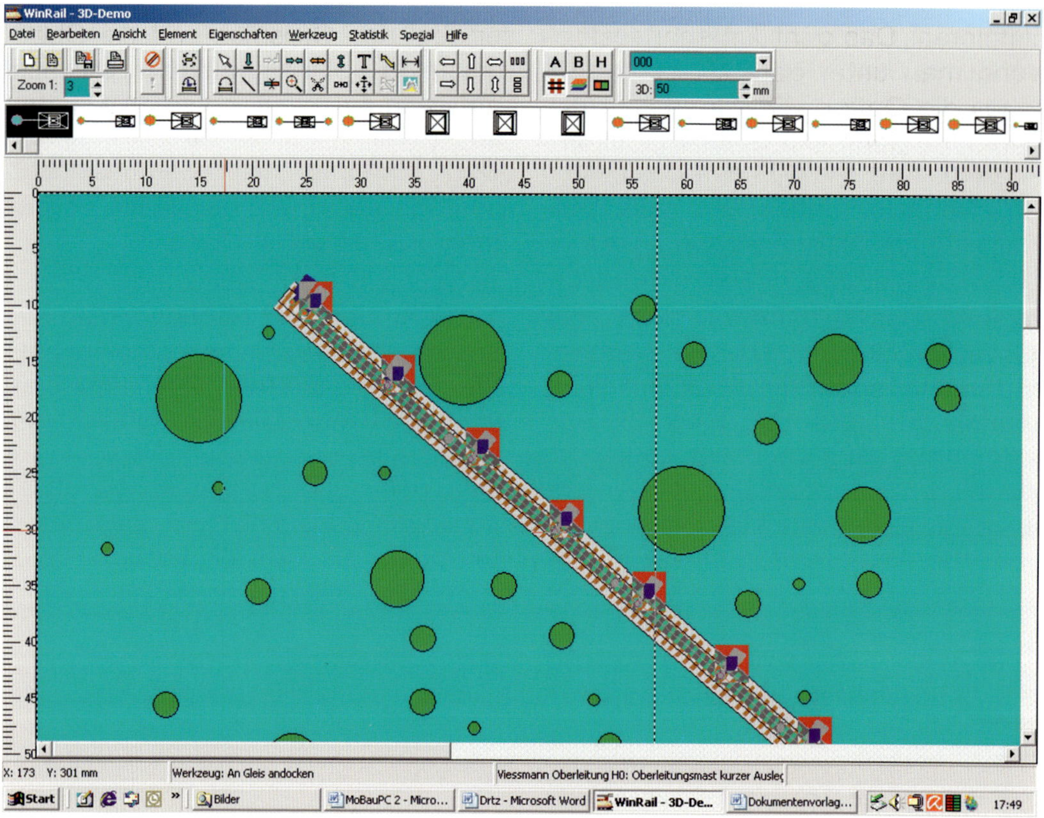

Oberleitungen werden rasch und komfortabel mit dem Befehl »an Gleis andocken« bei gleichzeitig gedrückter Strg-Taste erzeugt und für einen ganzen Streckenabschnitt gezeichnet.

eine Höhe zu. Klickt man, nachdem das Werkzeug ausgewählt worden ist, den Endpunkt der gewünschten Strecke an, öffnet sich eine Dialogbox, in die man die gewünschte Höhe einträgt. Aktiviert man dann das Kästchen »Steigung errechnen«, hat man eine Steigungsstrecke angelegt. Eine Gefällstrecke legt man durch Eingabe einer negativen Zahl an.

Mit der Software kann man auch Verdrahtungen erzeugen. Hierfür benutzt man den icon »Verdrahtung oder Linien einzeichnen« oder wählt im Werkzeug-Menü unter »Zeichnen« die entsprechende Option aus.

Die Option Oberleitungen ist sehr hilfreich bei der Ausstattung der geplanten Anlage mit Fahrleitungen. Zunächst einmal muss der Gleisplan stehen, klar. Dann lädt man sich eine Oberleitungsbibliothek und überprüft, ob unter dem Menü »Ansicht«, »Eigenschaften« auf der Registerkarte »System« die richtigen Oberleitungs-Einstellungen getroffen worden sind: Zur Auswahl stehen nämlich Oberleitungen, die dem Gleisverlauf folgen und solche, die im Zickzack verspannt sind.

Dann geht man daran, Masten zu

platzieren: Das geht am schnellsten, wenn man unter dem Menü »Werkzeug« die Option »Oberleitung« auswählt und dann »An Gleis andocken« anklickt. Damit steht der Masten, relativ zum Gleis gesehen, an der richtigen Position. Dockt man an und hält unterdessen die Strg-Taste gedrückt, versieht das Programm gleich die ganze Strecke mit einer Fahrleitung, und diese sogar im Zickzack verspannt.

2.2.2. DREIDIMENSIONALES

Natürlich bietet das Programm noch sehr viel mehr Möglichkeiten, komfortabel den Gleisplan und die Oberleitung zu planen, auf die wir aus Platzgründen nicht noch detaillierter eingehen können. Reißen wir noch einige wichtige Möglichkeiten des Programms an dieser Stelle an.

Eine wichtige Funktion ist die dreidimensionale Darstellung des Plans. Wie geht man vor? Nachdem man die Größe der Arbeitsfläche festgelegt hat, öffnet man das Menü »Element« und wählt die Option »Eigenschaften«, in der folgenden Registerkarte wählt man »Linien« aus und stellt den Mausfang auf 100 mm ein. Nachdem man sich überzeugt hat, dass »Vorgabe setzen«

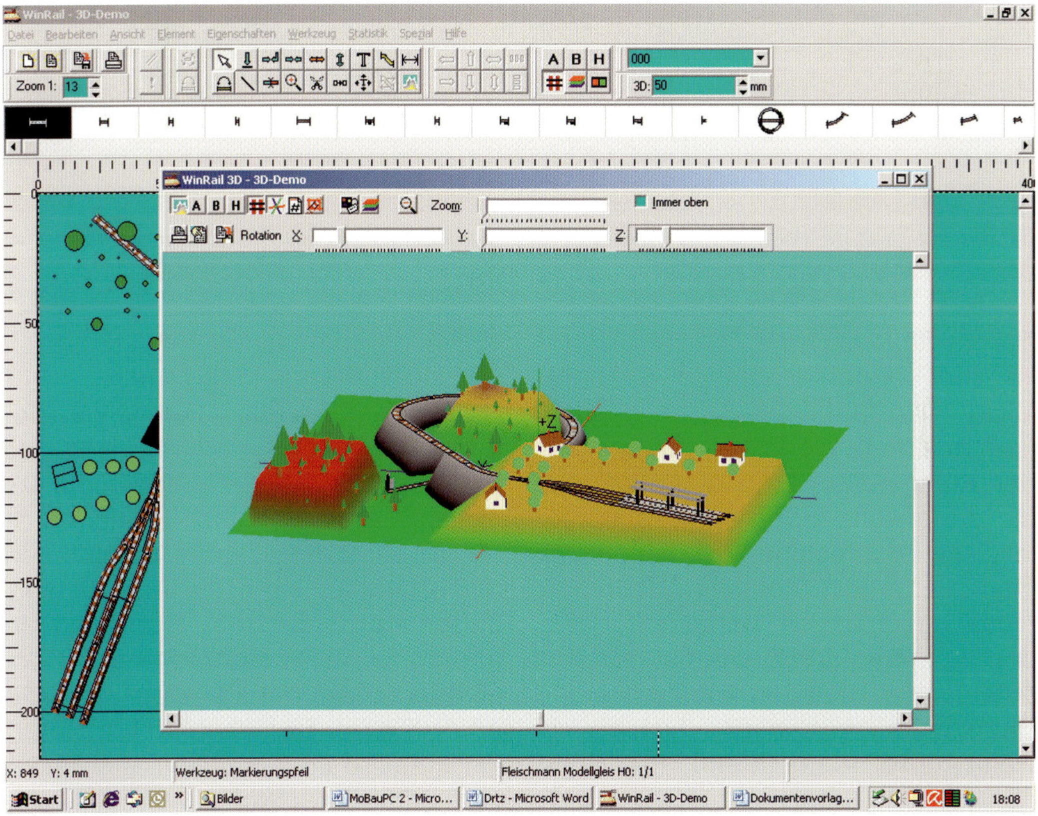

Unter »Ansicht« und »3D« kommt man zu dieser Perspektive, die schon aussagekräftige Rückschlüsse auf die Wirkung der künftigen Anlage zulässt.

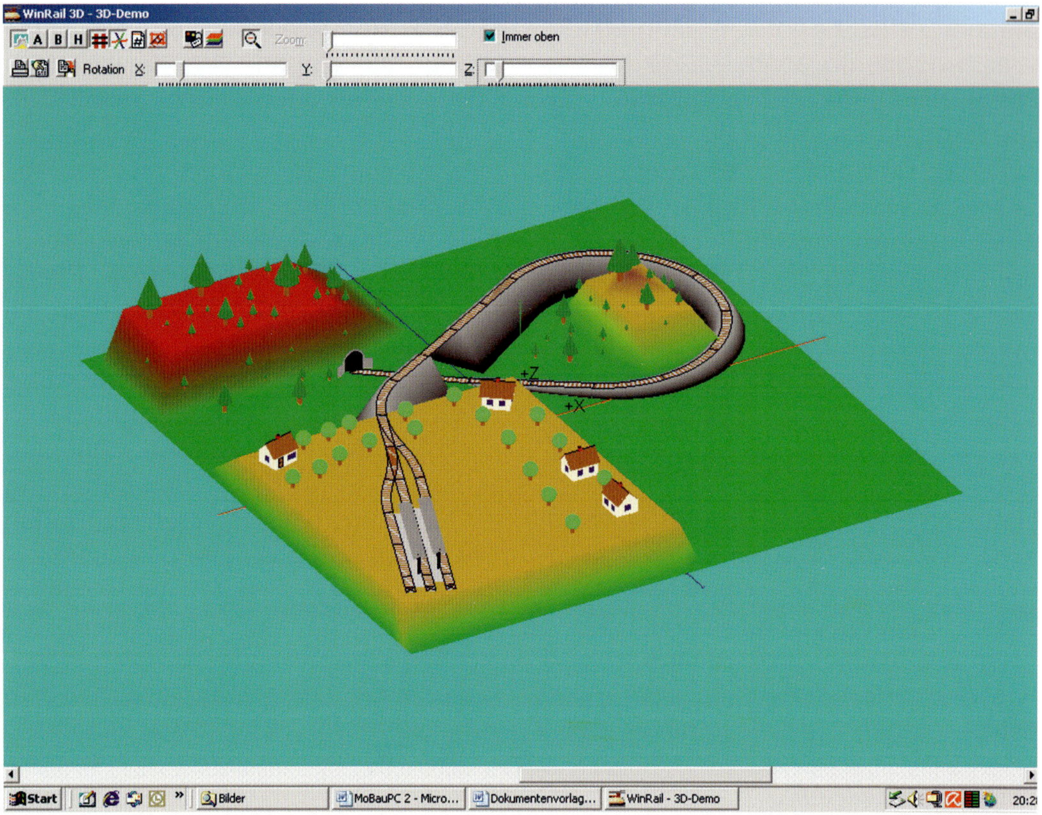

Die Perspektive ist veränderbar und gestattet Ansichten aus verschiedenen Richtungen. Das ermöglicht eine gute Beurteilung der Planung.

ausgewählt worden ist (Häkchen im zugehörigen Kästchen gesetzt), klickt man auf »OK« und beginnt nun mit dem Werkzeug »Linie« auf der Anlagenfläche all die Bereiche, die die gleiche Höhe aufweisen sollen, mit rechteckigen Bereichen zu markieren. Ein solches Rechteck muss geschlossen gezeichnet werden, Anfangs- und Endpunkt müssen aufeinander zu liegen kommen.

Dann markiert man alle Linien und wählt unter dem Menü »Spezial« den Befehl »Geländehöhe anpassen« aus. Wechselt man dann in die 3D-Ansicht (Menü »Ansicht« Option »3D«), hat man schon einen Eindruck von seinem ersten Machwerk.

Unter dem Menü »Ansicht« bietet die Option »3D« eine entsprechende Perspektive. Auf der Werkzeugleiste in der 3D-Ansicht sind »Reglerknöpfe« zu erkennen. Durch Verschieben dieser Regler kann die Ansicht verändert werden: mit »X« kippt man die Anlage in der Waagerechten um die eigene Achse, mit »Y« kippt man die Anlage in der Senkrechten um die eigene Achse (man kann sie sich dann von unten anschauen) und mit Verstellen von »Z« dreht man die Anlage.

2.2.3. AUSBLICKE

Wer braucht so etwas? Wer bislang seine Gleispläne mühselig mit Bleistift gezeichnet hat, macht mit solch einer Software einen Quantensprung. Man kann eine solche Software nur empfehlen. Neben den genannten Vorteilen macht es einfach auch Spaß, gigantische (meinetwegen aber auch nur kleine) Projekte zu planen und sie – ohne dass man sie bauen wollte oder könnte oder beides – schon mal vorab anzuschauen.

2.2.4. KNIFFE

Probleme lassen sich mit einem Anruf (Adresse siehe Anhang) zumeist beheben. Unter dem Button »FAQ« (frequently asked questions«, heißt soviel wie »häufig gestellte Fragen«) finden sich im Internet auf der Webseite des Unternehmens Antworten auf allerlei Probleme, vielleicht ist ja auch das aktuelle Problem eines Anwenders darunter. Unter www.blumert.de/winrail.htm sind Hilfen, Tipps und Tricks sowie Informationen im Forum abrufbar, auch ein Newsletterservice wird angeboten. Unter dieser Adresse ist nach Registrierung des Anwenders auch ein (kostenpflichtiges) Upgrade möglich (darunter ist die neue Version einer Basissoftware zu verstehen, die zusätzliche Funktionen enthält. Solche Upgrades werden durch eine Änderung der Versionsnummer im Produktnamen gekennzeichnet, z.B. wer WinRail 7 besitzt, kann sich ein Upgrade auf 8 herunterladen).

Bei der Erarbeitung des Buchs hatte ich Gelegenheit, mit Anwendern von Gleisplanungsprogrammen aus dem Bekanntenkreis über die Software zu sprechen. Dabei wurden mir verschiedene Ratschläge gegeben, die ich hier weiterreichen möchte: Als eines der Hauptprobleme beim Betrieb von Gleisplanungsprogrammen werden fehlerhafte oder veraltete Grafiktreiber (zu Treibern vgl. die Ausführungen in Kap. 1) genannt. Diese sorgen für Fehler im Programmablauf oder verhindern den Start eines Programms.
Man sollte daher darauf achten, gerade bei Neugeräten auch den aktuellen Grafiktreiber zu installieren. Dabei helfen einem die Hersteller des Grafiktreibers (Suche im Internet) weiter, in der Regel kann man von deren Seiten aktuelle Grafiktreiber herunterladen und dann installieren.
Ein Anwender gab mir den Tipp, generell nur aktuelle Treiber zu verwenden, denn mit neu gekaufter Hardware, z. B. einem Drucker, ausgelieferte CDs mit dem zugehörigen Treiberprogramm »seien oft schadhaft.«

2.3. VORGEFERTIGTE GLEISPLÄNE

Wer es sich etwas einfacher machen möchte, der greift zu fertigen Anlagenplänen, die auf CD-ROM gebannt sind. Es gibt zahlreiche Anbieter, beispielhaft sei die seit kurzem erhältliche Gleisplansammlung von Bemo vorgestellt. (Abb. auf S. 58) Neben der CD gehört auch eine kurze Programm-Einführung zum Lieferumfang, allerdings sollte man sich mit Windows schon ein bisschen auskennen, um rasch mit dem Programm arbeiten zu können, ansonsten dauert es dann ein wenig länger.

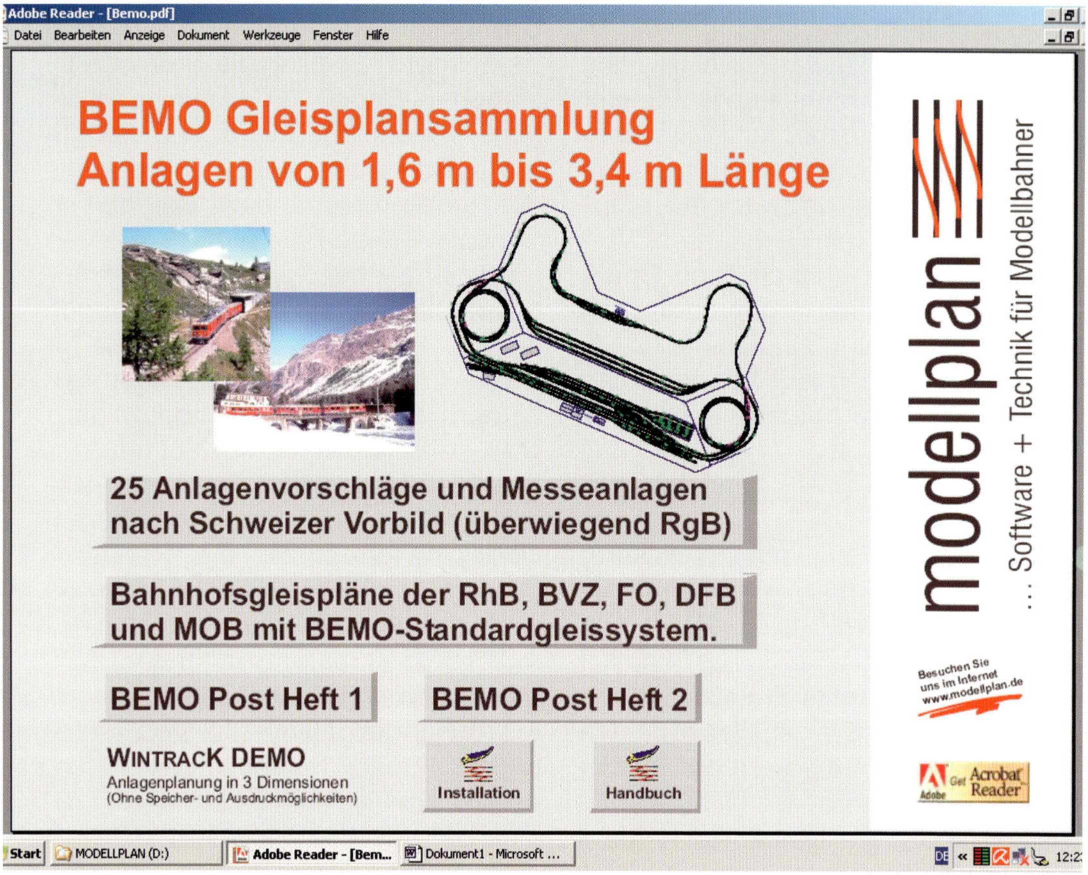

Begrüßungsbildschirm der Gleisplanungssammlung

2.3.1. DIE BEDIENUNG

Nach dem Einlegen in das Laufwerk startet die CD-ROM (Systemvoraussetzungen: ab Pentium oder vergleichbar mit Windows 95/98/ME/NT/2000/XP) selbsttätig und es ergibt sich der so genannte Eingangsbildschirm. Was bekommt man geboten: 25 Modellbahn-Anlagenvorschläge, Bahnhofsgleispläne nach Vorbildern der Schweizer Schmalspurbahnen sowie Scans, also digitalisierte Ausgaben, der heute schwer zu bekommenden und daher gesuchten Bemo-Post-Zeitschriften Nr. 1 und 2.

Der Einfachheit halber beginnen wir mit dem letztgenannten, ein Klick mit der Maustaste auf den Button »Bemo Post 2« öffnet eine pdf-Datei, in der der Anwender das Heft lesen kann. Am linken Rand sind die Seiten klein abgebildet zu sehen, durch Anklicken kann man rasch zu der gewünschten Seite springen. Ansonsten blättert man durch Anklicken der kleinen blauen Pfeile am unteren Fensterrand von Seite zu Seite.
Durch Klicken auf den Button »Bahnhofsgleispläne« gelangt man in das

Die von Fans eifrig gesuchte Bemo-Post Nr. 2 liegt als pdf-Datei in der Sammlung vor.

entsprechende pdf-Dokument. Am linken Rand sind dann in Form von fünf Rubriken die Schweizer Bahngesellschaften aufgelistet, zu deren Bahnhöfen Gleispläne abgerufen werden können. Durch Klick auf den Button »RhB« öffnet sich im großen Fenster eine Liste der Bahnhöfe des RhB-Netzes. Ein Klick auf den Namen eines gewünschten Bahnhofs – im Beispiel ist es »Arosa« – führt zu den Gleisplänen.

Links am Rand sind die beiden anzeigbaren Seiten zu sehen, der Gleisplan und unterhalb davon die zugehörige Stückliste. Ein Klick auf das Bildsymbol führt zur Anzeige der Stückliste in lesbarer Form. Die Gleisbezeichnungen beziehen sich auf das Bemo-Standardgleis. Um die Stückliste zu laden, kann aber auch auf den kleinen blauen Pfeil am unteren Fensterrand geklickt werden.

Auf dem Bildschirm wird in der rechten Hälfte die aktuelle Seite der Zeitschrift angezeigt, auf der links zu erkennenden Leiste kann man rasch blättern und zu einer weiteren gewünschten Seite springen.

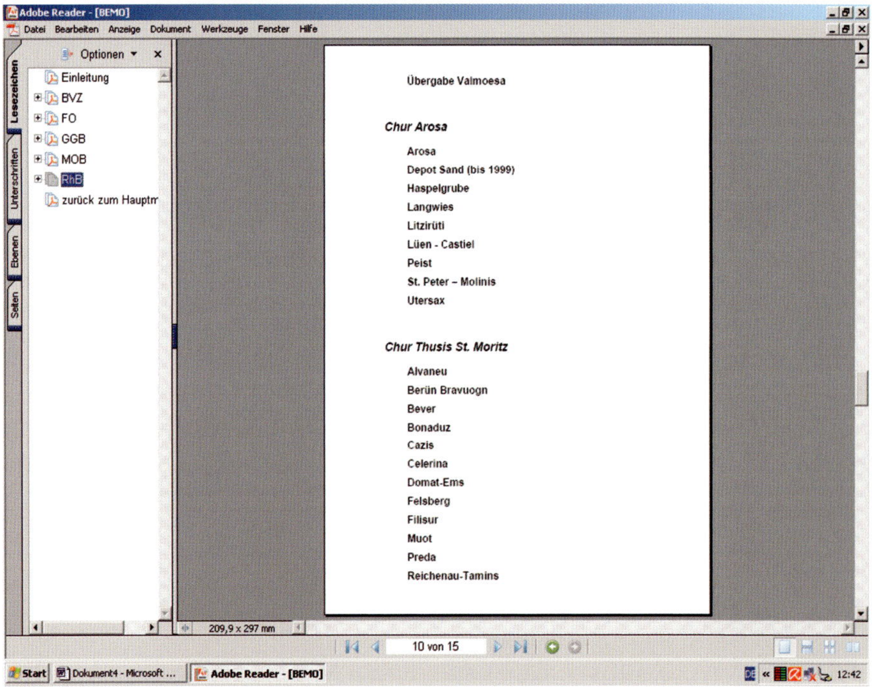

Es lässt sich leicht durch das Verzeichnis der Bahnhofsgleispläne navigieren.

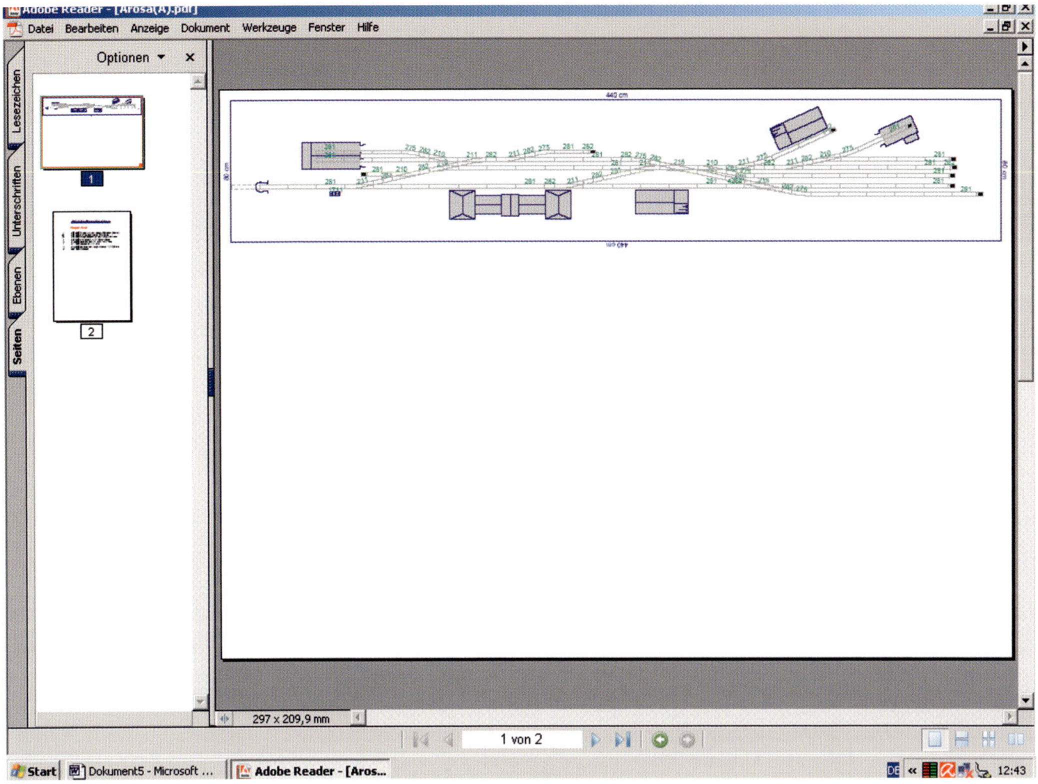

Der Bahnhof »Arosa« auf dem RhB-Netz. Der Plan zeigt dem Nachbauinteressenten alles Wissenswerte von der Gleis-Artikelnummer über Maße bis hin zur Stückliste, die auf der linken Seite klein zu sehen ist und per Klick ins große Fenster geladen wird.

2.3.2. NUTZEN

Der große Nutzen dieser CD liegt darin, dass der geneigte Schmalspur-Modellbahner einfach zu vorbildgerechten, dabei aber im Hinblick auf den Raumbedarf durchaus baubaren Modellgleisplänen (ohnehin der Vorteil der Schmalspurbahnerei) kommt, ohne die Vorbildpläne selbst nachzeichnen oder selbst entwerfen zu müssen. Über das Menü »Datei« und das Untermenü »Drucken« können die Pläne ausgegeben werden.

Um diese Datei wieder zu verlassen, klickt man am unteren Rand auf den grünen, nach links weisenden Pfeil und kommt so wieder zu den vorher geladenen Seiten und schließlich wieder zum Eingangsbildschirm.

Ein Klick auf den Button »25 Anlagenvorschläge« bringt den Anwender zu den realisierten Bemo-Messeanlagen der zurückliegenden Jahre. Unter der Abbildung des betreffenden Bahnhofs-Gleisplans ermöglichen fünf Buttons weitere Optionen. Durch einfaches Drücken des Buttons »Gleisplan« kommt man zur Gleisplanzeichnung und der zugehörigen Stückliste, ein weiterer Button ermöglicht die Abbildung des Gleisplans im Maßstab 1:10, der Button »Beschreibung« skizziert den betreffenden Bahnhof kurz mit Worten. Der Button »Abbildung« führt zu einer Reihe von Fotografien der entsprechenden Anlage. Vorbildaufnahmen des Bahnhofs runden das Thema ab.

2.3.3. AUSBLICKE

Zum Eingangsbildschirm zurückgekehrt findet man noch zwei Buttons, mit denen man das Gleisplanungsprogramm »Wintrack« kennen lernen kann. Die verschiedenen Gleispläne sind nämlich mithilfe dieser Software bearbeit- und veränderbar, das ist wichtig, wenn die geplante Anlage etwa an besondere Raumverhältnisse angepasst werden soll. Durch Drücken des Buttons »Installation« kann eine Demo-Version der Software geladen werden, der Button »Handbuch« führt in das Programm Wintrack ein.

Wichtig ist, dass man mit dem Erwerb der CD nicht alleingelassen wird. Es gibt eine telefonische Beratung (Mo.-Fr. 18-20 Uhr unter 07161/816062).

Modellplan bietet nicht nur eine Gleisplansammlung für Bemo-Schmalspur-Anlagen, sondern auch für die Baugrößen H0 (für Gleissysteme von Märklin, Fleischmann, Roco

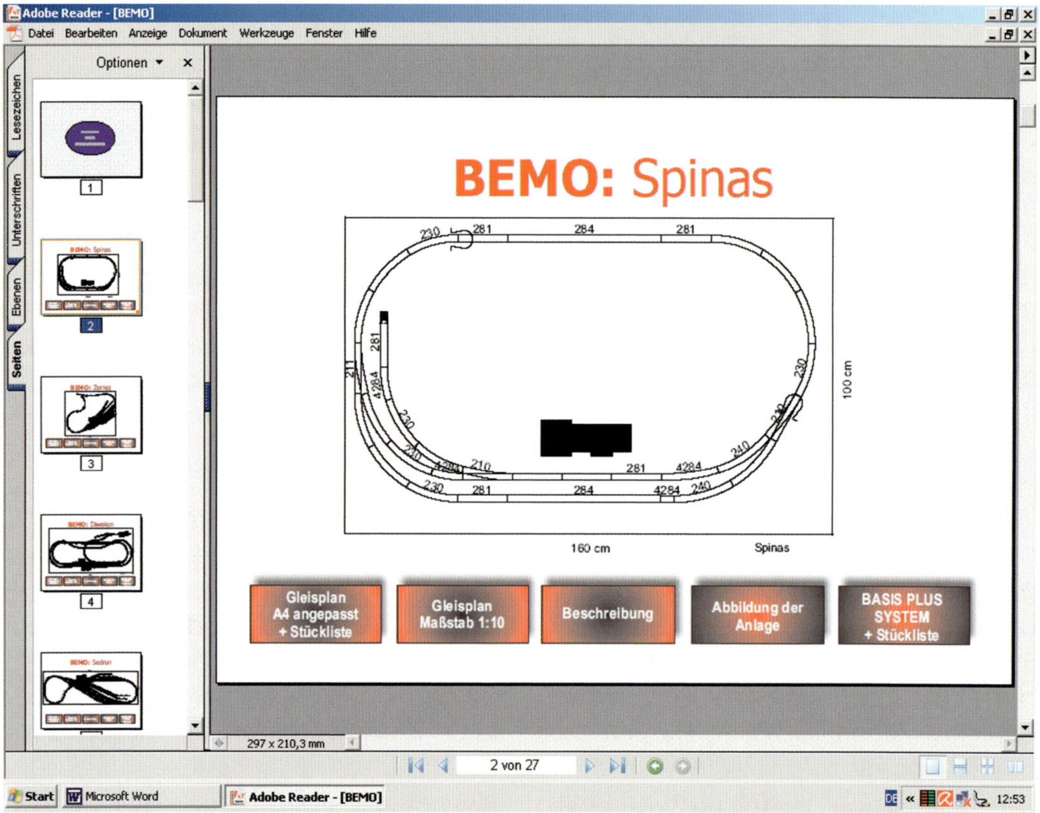

Die bekannte Messeanlage nach dem Vorbild von »Spinas«. Darunter sind die Buttons zum Aufruf weiterer Optionen zu erkennen.

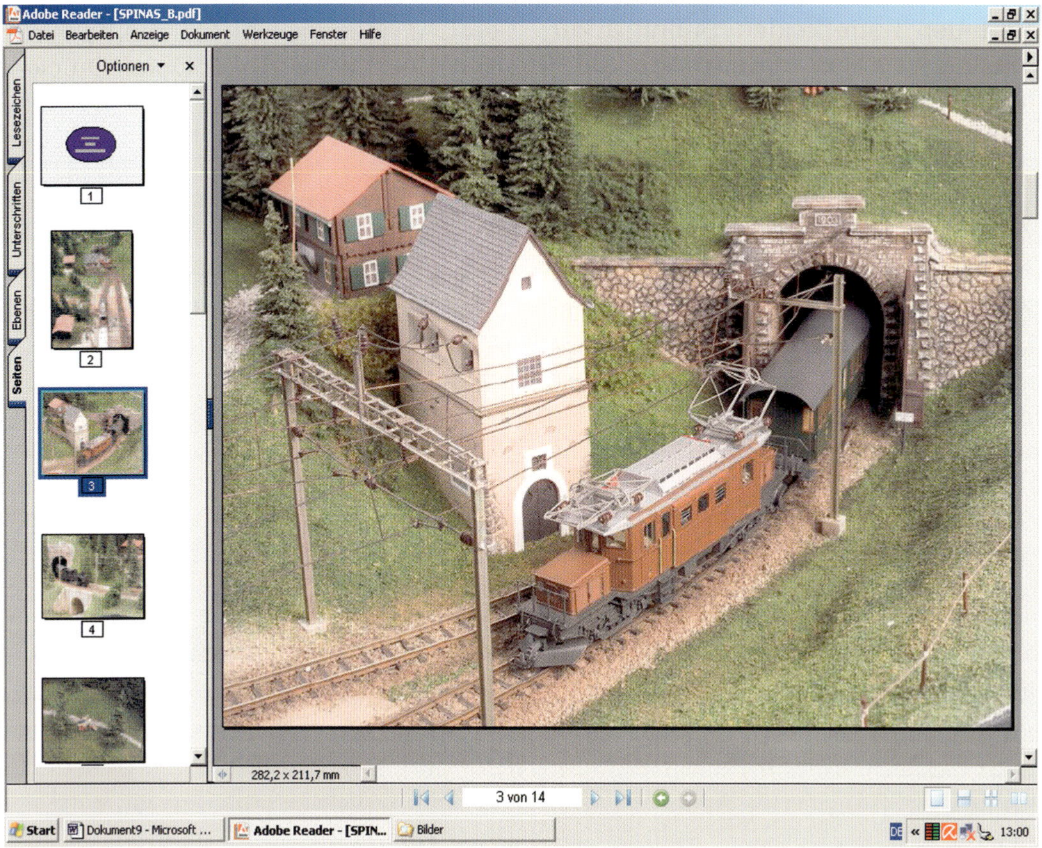

Aussagekräftige Fotoaufnahmen der jeweiligen Anlage – hier verlässt das »Bernina-Krokodil« einen Tunnel auf der Anlage Spinas – gehören ebenfalls zur Gleisplan-Sammlungs-CD.

und PIKO), TT (Tillig-Gleis), N (Minitrix und Fleischmann-piccolo) und Z. Auf jeder CD-ROM ist eine große Gleisplan-Auswahl für verschiedene Anlagenflächen zu finden. Darüber hinaus erhält der Anwender Anregungen für den Anlagenbau und die Landschaftsgestaltung. Auf jeder CD sind Gleispläne und Stücklisten für Rechteck- und Winkelanlagen, zahlreiche Landschaftszeichnungen und zur Illustration Anlagenmotive, die der bekannte Modellbahnanlagenbauer Bernhard Stein gestaltet hat, zu finden. Mit einem Druckprogramm können alle Inhalte der CD ausgegeben werden.

2.4. HINTERGRUNDGESTALTUNG

Mit einem Computer lässt sich die Anlage nicht nur planen und in einem quasi hellseherischen Akt vorab anschauen, sondern es kann z. B. der Hintergrund – traditionell wird zumeist einer der im Angebot der einschlägigen Modellbahn-Zubehörhersteller befindlichen Hintergründe verwendet – mehr oder weniger selbst gestaltet werden.

Bei den käuflichen Anlagenabschlüssen ist man auf die vorgegebenen Maße der Hersteller angewiesen, was aber in der Praxis kaum Probleme machen dürfte. Denn seit geraumer Zeit bieten eine Reihe von Produzenten Hintergründe mit zu beiden Seiten im Endlosverfahren anschließbaren Ergänzungen – die gewaltigsten Anlagen sind dadurch mit einem optisch anspruchsvollen Abschluss baubar. Mit etwas Geduld und mit zähem Ausprobieren kann man die beste Perspektive für die eigene Anlage herausbekommen, so dass das Schloss auf der Hintergrundtapete eben nicht von der Brücke oder einem anderen dominierenden Bauwerk verdeckt wird.

2.4.1. Etwas Individuelles

Was aber, wenn man einen ganz speziellen Anlagentraum verwirklichen oder als Individualist einen eigenen Anlagen-Hintergrund gestalten will? Hierfür eignet sich die seit einiger Zeit erhältliche Software von Busch (Adresse im Anhang, Abb. auf S. 64), mit der sich maßgeschneiderte Hintergründe zusammenstellen lassen, denn ein solcher Abschluss vollendet erst das eigene Bauprojekt.

Voraussetzung für die erfolgreiche Anwendung ist jedoch ein Computer modernerer Fertigung mit großem Arbeitsspeicher, da die verwendeten Bilddateien umfangreich sind und erheblich an den Ressourcen des Speichers nagen. Systemanforderungen: ein PC mit Betriebssystem Windows 95, 98, NT, 2000, XP. Freie Festplattenkapazität 30 MB (während der Installation 60 MB), mindestens 32 MB RAM (empfohlen 64 MB), VGA Grafikkarte mit mindestens 256 Farben.

2.4.2. Bedienung

Nach dem Einlegen in das CD-Laufwerk klickt man die »Start«-Taste an und wählt den Befehl »Ausführen« und dann »Durchsuchen«. Auf der CD-ROM ist dann der Ordner »Acrobat« zu öffnen und »Deutsch« anzuklicken. Man wählt dann die zum eigenen Computer passende Acrobat Reader Version (Der Acrobat Reader oder Adobe Reader, wie er auch genannt wird, ist ein spezielles Computerprogramm des Unternehmens Adobe, mit dem sich pdf-Dokumente – eine Art universelles Dateiformat, siehe die Ausführungen zum pdf-Format im Kap. 3 – betrachten lassen, es ist in gewissem Sinne ein »Dateibetrachter«). Nachdem die passende Version gefunden worden ist, wird sie angeklickt und im Dialogfeld »Ausführen« wird auf »OK« gedrückt, womit das Installations-Programm startet.

Danach wird das eigentliche Programm gestartet: Man doppelklickt im Windows-Explorer auf das betreffende Laufwerk und startet dann die Datei »start.pdf« ebenfalls mittels Doppelklick.

2.4.3. Das Angebot

Auf der CD findet man zunächst eine ausführliche Anleitung im Acrobat-Reader-Format, die ggf. auszudrucken ist. Außerdem enthält diese CD-ROM Beispiele und ausführliche Anleitungen, die Schritt für Schritt die Gestaltung von Hintergründen erklären. Zudem gibt es ein Bildbe-

Der Begrüßungs-Bildschirm der Busch-CD zur Hintergrundgestaltung. Man erkennt die verschiedenen Buttons, die den Zugang zu den Menüs gestatten.

trachtungsprogramm, das »Jpegger« genannt wird. Darüber hinaus ist eine fast unübersehbare Sammlung von Bilddateien zu finden: eine Reihe von Himmeln, verschiedene Landschaftsprofile und Objekte wie Gebäude, Bäume und andere im Vordergrund zu platzierende Elemente.

Jede Bilddatei besteht aus freigestellten Objekten, das heißt, die Bildelemente sind konturenscharf ausgeschnitten. Man kann sich das wie eine Collage vorstellen, bei der einzelne Bilder ausgeschnitten und zu einem neuen Bild zusammengesetzt werden.

Es gibt zwei Möglichkeiten der Anwendung: Über das auf der CD mitgelieferte Programm JPegger werden die Bilddateien aufgerufen und ausgedruckt. Anschließend kann man die einzelnen Elemente ausschneiden und auf einer festen Unterlage, z. B. einem Karton, nach eigenem Geschmack arrangieren und aufkleben.

Die einzelnen Bilder lassen sich unter freizügiger Veränderung ihrer Größe und Ausrichtung in einer neu zu erstellenden Datei beliebig anordnen. Die Motive von allen lieferbaren Busch-Hintergründe-CD-ROMs können beliebig miteinander kombiniert werden.

2.4.4. SELBSTBEARBEITUNG

Die andere Möglichkeit besteht darin, unter Einsatz eines Bildbearbeitungsprogramms am Bildschirm eine ganze Hintergrundkulisse zusammenzusetzen. Da auf der CD aus Kostengründen kein – teures – Bildbearbeitungsprogramm mitgeliefert wird, können die Bilder der CD nicht vom Anwender bearbeitet werden. Besitzt er jedoch solch ein Programm, das PSD-Dateien (ein Dateiformat für Grafikdateien von Adobe PhotoShop) verarbeiten kann, etwa PhotoShop/Elements, Picture it!, PhotoPaint oder CorelDraw, steht der Nachbearbeitung nichts mehr im Weg. Die auf der Busch-CD vorhandenen Bilddateien benötigen eine solche Nachbearbeitung nicht, sie ist aber denkbar, wenn der Anwender seinen Hintergrund noch individueller und exklusiver gestalten will.

2.4.4.1. HINTERGRUNDMALER

Nachdem man sich mittels des Bildbetrachtungsprogramms eine Übersicht verschafft hat, beginnen wir unter Verwendung des Microsoft Picture it!-Programms mit dem »Himmel«, will sagen mit dem Untergrund für den Bildaufbau. Die fertig konfigurierten Hintergrunddateien

Die CD von Busch stellt eine Großauswahl von Landschafts-Bilddateien zur Verfügung. Hier ist eine Auswahl von Bäumen zu sehen.

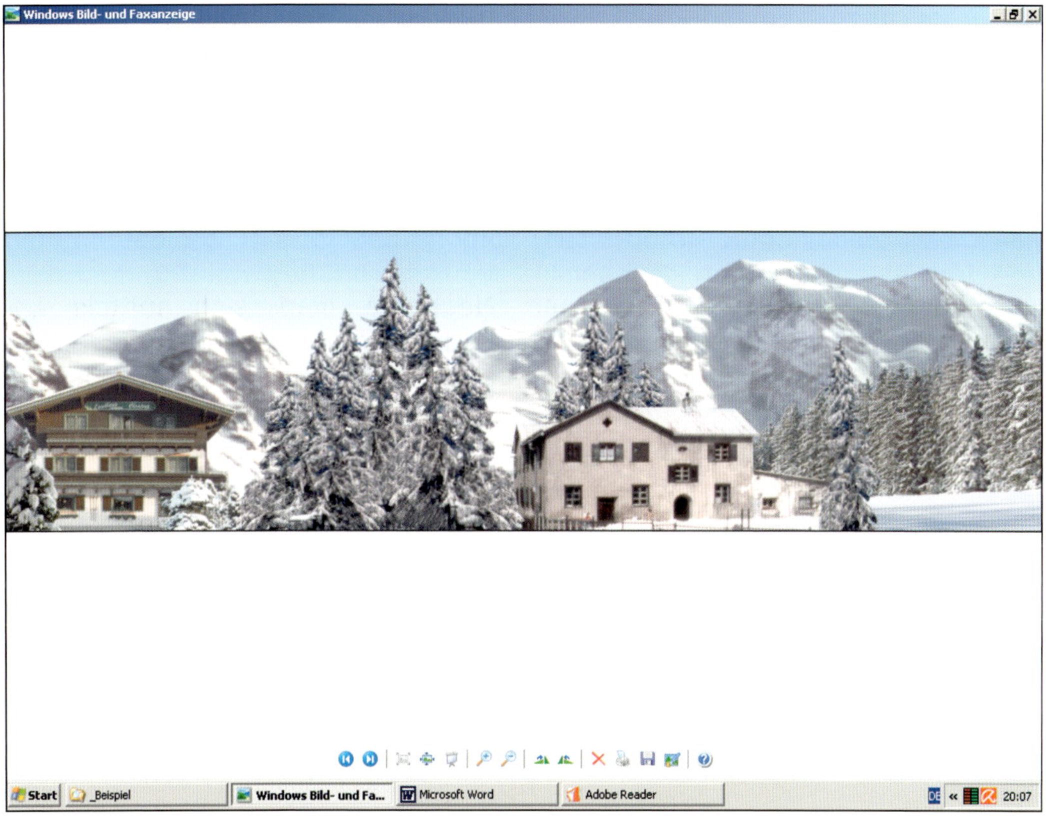

Ein Arrangement aus Bilddateien von der Busch-CD. Man schneidet die einzelnen Objekte aus und klebt sie auf einen stabilen Untergrund.

sind für den Ausdruck im Din-A-3-Format gedacht und messen ausgedruckt 100 x 42 cm bzw. 100 x 28 cm. Aus dem Ordner Hintergründe wählt man sich ein passendes Objekt aus. Auf diesen Himmel legt man eine der zuvor ebenfalls im Bildbetrachtungsprogramm angeschauten Landschaftskonturen. Das geschieht im so genannten »Drag & Drop-Verfahren«, also im »Ziehen und Fallenlassen-Verfahren«, wenn man es denn partout übersetzen will.

Man zieht das gewünschte Element in das Hintergrundfenster, das bereits mit »Himmel« belegt ist. Mit dem Werkzeug »Skalieren« kann man jedes Objekt in der Größe verändern und drehen. Durch Ausprobieren und Anpassen erhält man so ein »Himmel-Landschaftskontur-Profil«, quasi den Hintergrund.

Nun kann man sich der Vordergrundgestaltung widmen. Das geschieht in der gleichen Weise: Aus den Gebäude-Dateien (per Bildbetrachtungsprogramm vorher eine Übersicht verschaffen) zieht man sich ein Objekt heraus und lässt es am vorgesehenen Ort »fallen«. Verschiebungen und Veränderungen in der Größe (um die Tiefenwirkung zu vergrößern, verkleinert man ein Gebäude) und Ausrichtung sind jederzeit möglich. Hinzu gesellen sich jetzt noch Bäume, Büsche, Hügel und evt. Berge. Dabei werden die einzelnen Objekte gewissermaßen aufeinander gelegt. Alle Objekte sind frontal fotografiert und vom Hersteller derart nachbearbeitet worden, dass das Phänomen der »stürzenden Linien« verhindert wird. Auf Fotografien werden nämlich Linien und Kanten, die scheinbar aufeinander zustreben, obwohl sie in Wirklichkeit parallel verlaufen, stürzende Linien genannt. Dieses Phänomen tritt auf, wenn die Kanten des Abbildungsgegenstands nicht parallel zur Projektionsfläche im Kameraobjektiv liegen.

Anwender eines Bildbearbeitungsprogramms können an diesem Punkt der Hintergrundgestaltung noch Veränderungen anbringen: Man könnte z. B. die einzelnen Schichten des gestaffelt aufgebauten Hintergrunds farblich verändern, weit entfernte Bereiche farblich blasser anlegen und so die Tiefenwirkung noch verbessern. Selbstverständlich gestat-

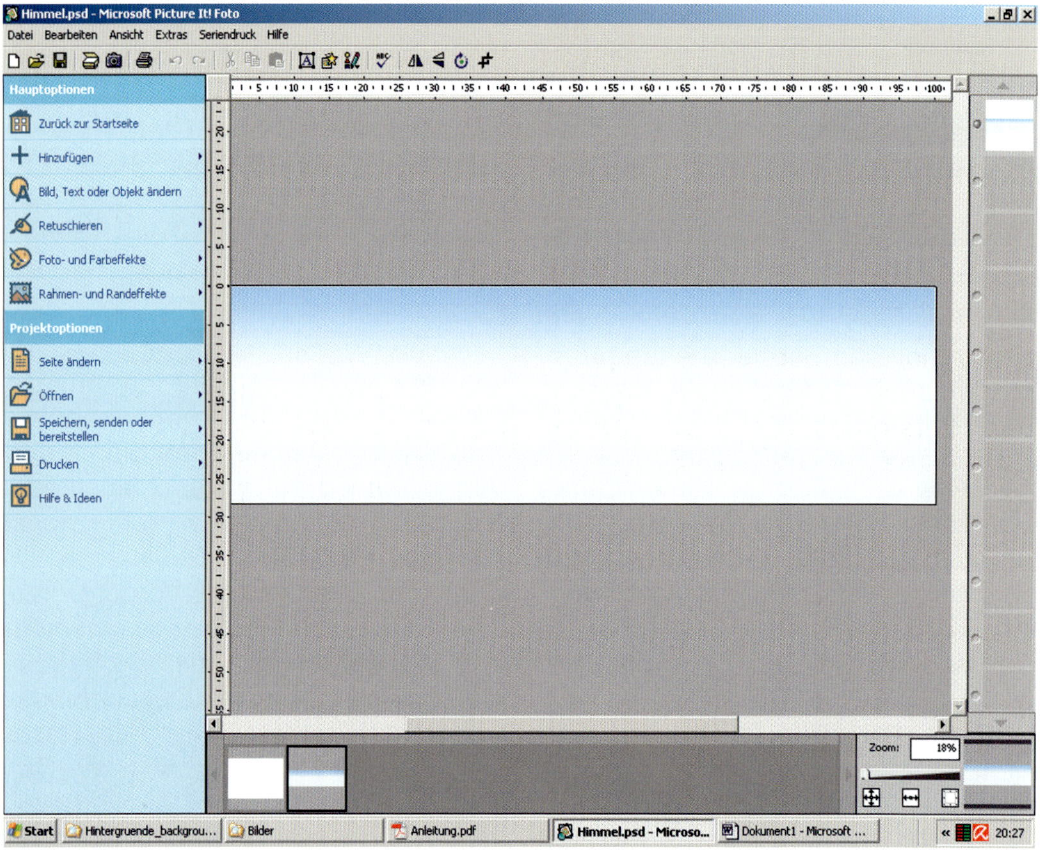

Unter dem Programm Picture it! kann ein Hintergrund unter Verwendung der Busch-Bilddateien selbst erzeugt gestaltet werden. Zunächst kommt der »Himmel« zu liegen...

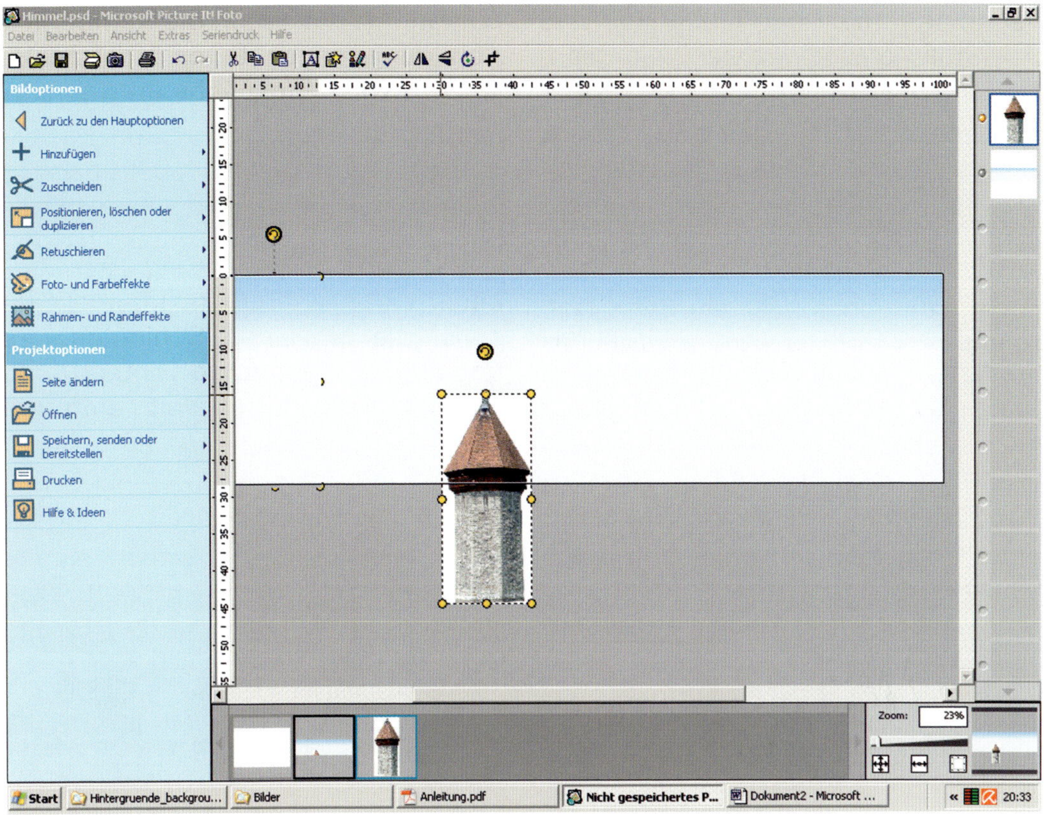

...dann wählt man ein Gebäude-Objekt aus und schiebt es an den gewünschten Platz.

tet ein solches Bildbearbeitungsprogramm auch die farbliche Anpassung der Hintergrund-Wiese an das auf der Anlage verwendete »Streufaser-Grün«.

Freunden der digitalen Fotografie stehen weitere Möglichkeiten mit der Busch-CD offen. Wer möchte, fotografiert seine individuellen Objekte – ein ganz spezielles Gebäude oder eine bevorzugte, ortstypische Landschaft mit markanten Punkten – und baut sie in die Hintergrund-Datenbanken ein. Hierfür muss das fotografierte Objekt natürlich mit einem Bildbearbeitungsprogramm wie PhotoShop nachträglich verändert werden, wichtig ist die Freistellung und das Entzerren, um die stürzenden Linien zu vermeiden. Dann wird die Bilddatei abgespeichert und in die Hintergrund-Datenbank eingefügt. Den Anwendungsmöglichkeiten sind im Prinzip keine Grenzen gesetzt.

2.4.4.2. DER AUSDRUCK

Ist nun die Hintergrundgestaltung abgeschlossen, muss das Ergebnis ausgedruckt werden. Das aber ist nicht so einfach. Besitzt man einen handelsüblichen Drucker, so verarbeitet dieser in der Regel Din-A-4-Papier, was bedeutet, dass die Höhe des Hintergrunds auf 29 cm beschränkt wird. Wer einen Din-A-3-Drucker stolz sein Eigen nennt, oder jemanden kennt, der einen solchen besitzt und zu betreiben weiß, kommt schon zu einem ansehnlicheren Ergebnis. Doch um ein entsprechend langes Hintergrundwerk zu erhalten, müssen die einzelnen Ausdrucke aneinandergestückelt werden. Das ist bei längeren Anlagen lästig, aber machbar. Für relativ kurze Segmente oder Module fällt der Umstand weniger ins Gewicht. Fein raus ist, wer über ein Grafikprogramm verfügt, das den Endlosdruck gestattet, dann entfallen nämlich die ansonsten unvermeidbaren und mit Schere oder Schneidwerkzeug abzutrennenden weißen Kanten des Ausdrucks.

Die besten Ergebnisse liefert ein Plotter, dessen Anschaffung für einen Privatmann und Modellbahner, der nur einen selbst gestalteten Hintergrund ausdrucken will, aber unsinnig ist. In Copy-Shops wird einem geholfen, dennoch ist der qualitativ sicherlich hochwertige und überzeugende Ausdruck alles andere als billig. Wer einen entsprechend individuellen, an einem konkreten Vorbild orientierten Anlagenhintergrund bauen möchte, wird die Kosten sicherlich stemmen wollen. Die hoch anmutenden Kosten für einen akzeptablen Ausdruck macht die Freude am individuell gestalteten Werk mehr als wett. Das ist die eigentliche Stärke der Busch-CD.

3. Modellbahn-Verwaltung

Je nach Intensität, mit der man das Modellbahn-Hobby betreibt, wächst die Sammlung an Fahrzeugen mitunter rapide an. Da ist manchmal rasch die Grenze der Übersichtlichkeit erreicht, welche Modelle habe ich schon?, was brauch ich noch? Und wo ist das Modell xy? Natürlich kann man auch nur die Fahrzeuge beschaffen, die zum gewählten Anlagenthema passen und – man denke an ein reizvolles Nebenbahnthema – dadurch die Übersichtlichkeit bewahren. Wer aber einem Hauptbahnthema frönt, kann dann jedoch auch wieder rasch die Übersicht verlieren.

Ich kenne allerdings nur Modellbahnkollegen, deren Fahrzeugsammlung selten zum Anlagenthema passt. Die meisten in meinem Bekanntenkreis betreiben Nebenbahnthemen mit entsprechend niedrigem Verkehrsaufkommen, so dass eine Handvoll Loks und Wagen ausreichen. Aber die Sammlung an Fahrzeug-Schätzen ist bisweilen sagenhaft.

3.1. Wozu Bürokratie?

In solchen Fällen bietet sich an, Ordnung in das Sammelsurium zu bringen. Natürlich kann man das auch mit Papier und Bleistift machen, es gibt auch entsprechende käufliche Ordnungssysteme, bisweilen in professioneller Ausführung. Wer über seinen Modellbahn-Besitzstand Bescheid wissen möchte, kann auch zu einem speziellen Programm greifen.

Für dieses Buch greife ich auf das breite Angebot des Unternehmens Modellplan (Adresse im Anhang) zurück, es geht um eine »Collection«, zu deutsch »Sammlung«, genannte Datenbank auf CD-Rom. Im Beispiel soll anhand der Bemo-Sammlung der Umgang mit der CD vorgestellt werden. Angeboten werden darüber hinaus auch Sammlungen für Märklin (Baugrößen H0 und 00 sowie I und Z; Details unter www.modellplan.de/index.htm). Prinzipiell stellt das Unternehmen den Endverbrauchern Updates zur Verfügung, wenn also nach einiger Zeit eine Auffrischung des Sammlungsverzeichnisses fällig ist – etwa weil eine Reihe neu erschienener Modelle eine Ergänzung notwendig macht. Technische Unterstützung gibt's unter 0171/1233098 (jeweils montags 20-21 Uhr).

3.1.1. Voraussetzungen

Die CD läuft unter allen gängigen Windows-Betriebssystemen, die Systemanforderungen stellen also kein Hindernis für den Einsatz der CD dar. Auf dem Datenträger ist auch das zugehörige, 80 Seiten starke Handbuch gespeichert. Nach dem Einlegen der CD öffnet man den Datenträger durch einen Doppelklick und klickt dann zweimal auf Setup. Sodann wird man durch die Installation geführt, was sich aber einfach gestaltet. Man wird gefragt, wo die »Collection« auf dem Computer abgelegt werden soll. Die Frage beantwortet man durch Eingabe des Pfads (also den Ort und den Weg dorthin, wo das Programm installiert werden soll). Das Programm installiert sich dann von selbst, nach einem Klick auf den Button »Fertigstellen« ist das Programm bereit.

3.1.1.1. BEDIENUNG

Die Datenbank umfasst insgesamt vier Programmteile: »Sortiment« bietet dem Anwender ein komplettes Verzeichnis aller zwischen 1976 und der allerjüngsten Zeit (2006) entstandenen Modelle. Unter »Wunschmodell« kann man seine Kaufwünsche zusammenfassen, unter »Sammlung« listet man seinen persönlichen Bestand an Modellen auf. Und unter »Verkäufe« schließlich sammelt man seine für den Verkauf vorgesehenen Modelle.

Nach dem Öffnen des Programms kann man sich die Benutzeroberfläche wie ein Buch vorstellen. Oben auf liegt die Seite »Sortiment«, darunter die Seiten »Wunschmodell«, »Sammlung« und »Verkäufe«. Im Beispiel wird ein Modell der Ge 4/4 I 601 »Albula« (Art. 1252 111) ausgewählt. Man gibt am einfachsten die Artikelnummer in das entsprechende Textfeld ein. Nach Betätigen der Taste »return« erscheinen die zugehörigen Informationen. Das Modell wird mit den wichtigsten

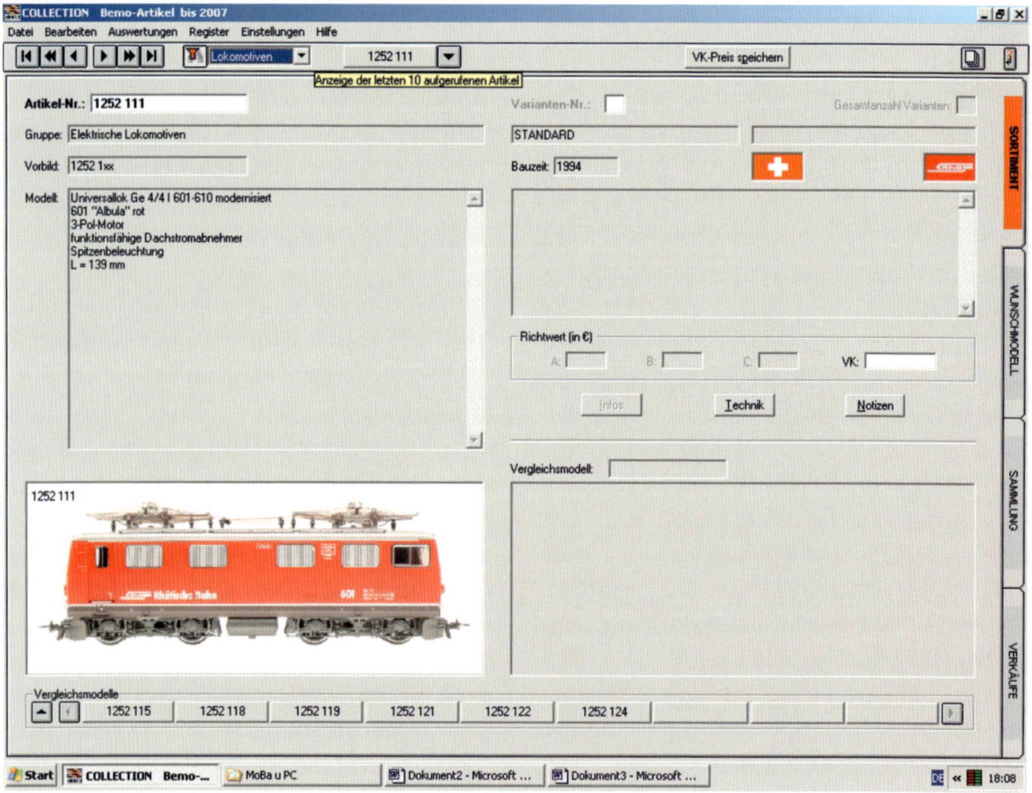

Die im Fließtext erwähnte Seite »Sortiment« mit der roten Ge 4/4 I »Albula«.

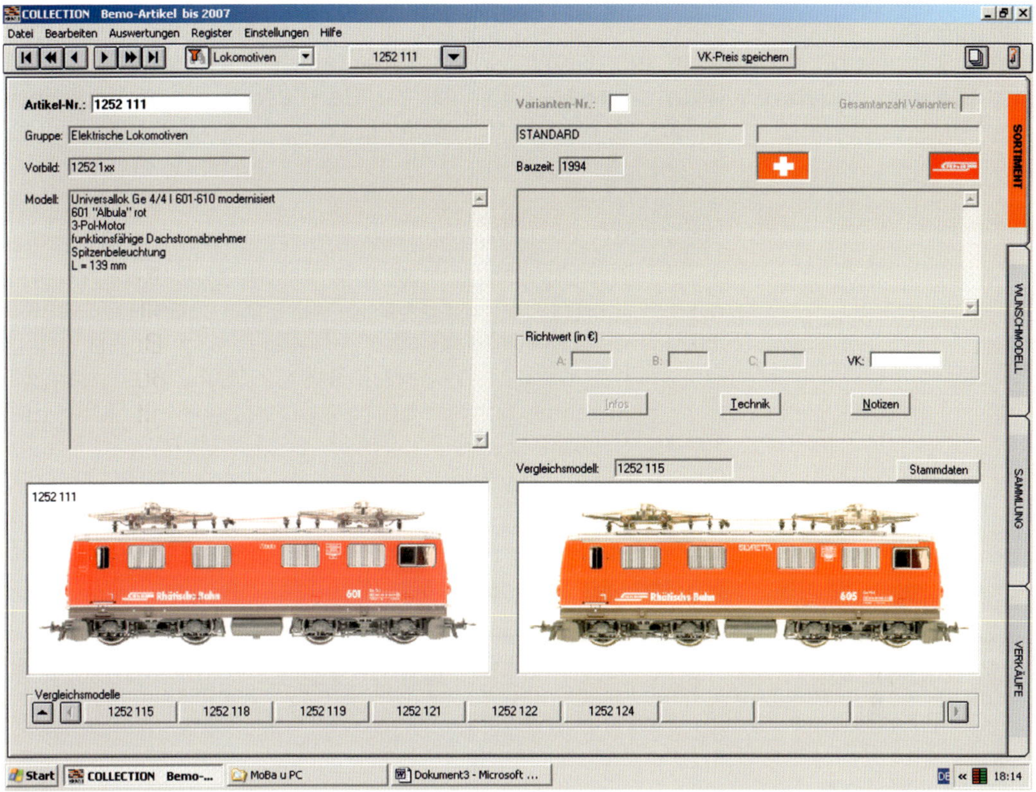

Im Vergleichsmodus gestattet das Programm die bislang produzierten Varianten einer Maschine miteinander zu vergleichen.

Daten beschrieben, links unten wird ein Bild der Maschine mit der eingegebenen Artikelnummer eingeblendet. Rechts oben wird die Bauzeit – in diesem Fall das Jahr 1994 – angegeben.

Unter dem Bild ist eine Button-Leiste »Vergleichsmodelle« zu sehen, bislang hat Bemo die Ge 4/4 I in Rot in sechs Varianten produziert. Man kann zu Vergleichzwecken über die einzelnen sechs Buttons die zugehörigen Varianten aufrufen. Oder unter »Vergleichsmodelle« klickt man den Button ganz außen an. Dann öffnet sich eine Dialogbox. Sie zeigt die sechs Artikelnummern der Vergleichsmodelle und bietet unter »Übersicht aufrufen« eine Bilderübersicht an.

Über den Button »Technik« öffnen sich weitere Fenster mit wichtigen Ersatzteilen wie der Kupplung, dem Pantographen und dem Motor. Über einen zugehörigen Button »Bild« sind sie sogar anschaubar. Direkt daneben ist der Button »Notizen« zu finden. Nach dem Anklicken öffnet sich ein Textfeld, in das persönliche Anmerkungen oder Bemerkungen zum Modell eingetragen werden können.

Man kann sich also zu allen von Bemo bislang produzierten Varianten des betreffenden Modells rasch eine optische und technische Übersicht verschaffen.

Am besten legt man sich sein Modell vor der Eingabe von Betriebsnummer und weiteren Angaben in den Computer in ein schützendes Schaumstoffteil.

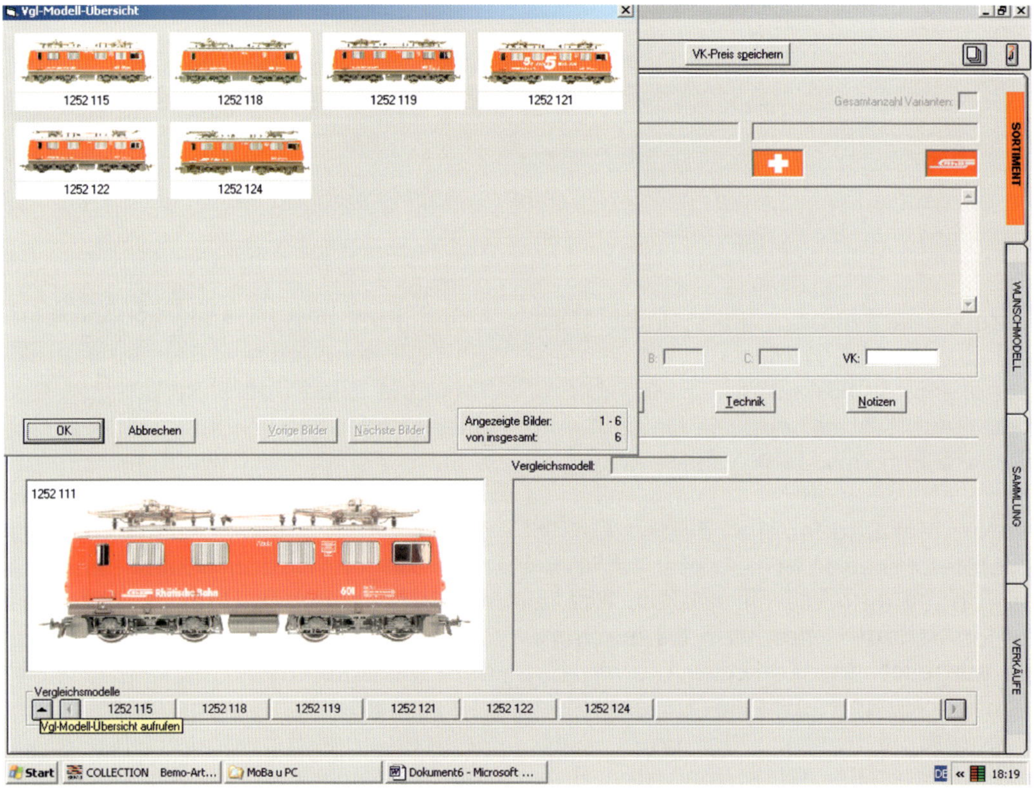

Mit einer Vielzahl von Optionen können die bislang produzierten Varianten eines Modells rasch und übersichtlich betrachtet werden. Auch technische Details können abgerufen werden.

3.1.1.2. SUCHEN UND FINDEN

Um zu anderen Modellen zu gelangen, ruft man durch Anklicken des icons mit dem Fernglas eine Dialogbox auf. Sie gestattet die freizügige Suche anderer Bemo-Artikel, auch wenn man wenig über das gesuchte Modell weiß. Für das Beispiel suchen wir die Artikelnummer einer Dieselrangierlok der RhB. Wir wissen nur, dass es eine Diesellok ist und dass sie bei der RhB fährt, mehr nicht. In der Dialogbox klicken wir den Button »Gruppe« an, dann öffnet sich ein weiteres Auswahlfeld, in dem wir »Diesellokomotiven« ankreuzen. Nachdem wir die Eingabe bestätigt haben (»OK«), klicken wir den Button »Länder/Bahnges.« an und kreuzen im Auswahlfeld »RhB« an. Nach der Bestätigung klicken wir in der Dialogbox den Button »OK« an.

Mit der Funktion »Bilder-Übersicht« werden die aufgelisteten Artikel in Form kleiner Bilder dargestellt. Das müsste genügen, um »unsere« gesuchte Lok ausfindig zu machen.

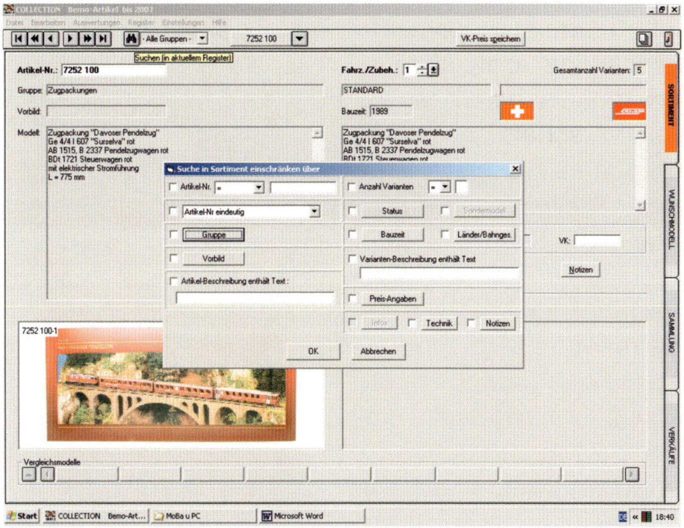

Mit dieser Suchmaske kann man sich auf die Suche nach bestimmten Angaben zu einem betreffenden Modell machen.

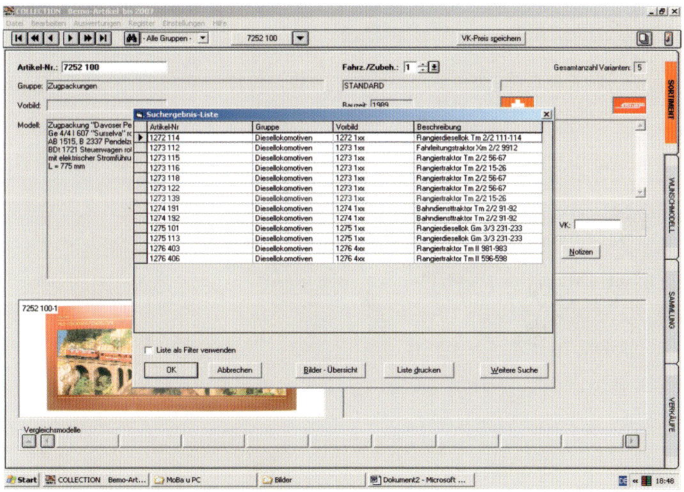

Die Suche kann verfeinert werden, um rascher zum Ergebnis zu kommen.

In andere Artikelgattungen, etwa Wagen oder Packungen usw., begibt man sich, wenn man den Suchfilter auf der Titelleiste benutzt und sich dann mit den Pfeilmarken durch das Angebot klickt. Wer die betreffende Artikelnummer kennt, kann noch schneller navigieren.

Sein Wunschmodell, in unserem Beispiel die Ge 6/6 II 707 »Scuol«, übernimmt man in das Register »Wunschmodell« durch Anklicken des zugehörigen Kartenreiters ganz rechts am Rand des Fensters. Es öffnet sich eine Dialogbox mit der Frage, ob man das Modell in die Wunschliste aufnehmen will, was bestätigt wird. Schon ist die Maschine Teil der betreffenden Liste.

Dort kann man neben Notizen auch Details zu eingeholten Angeboten – beim Fachhändler, im Internet oder auf Börsen – fixieren.

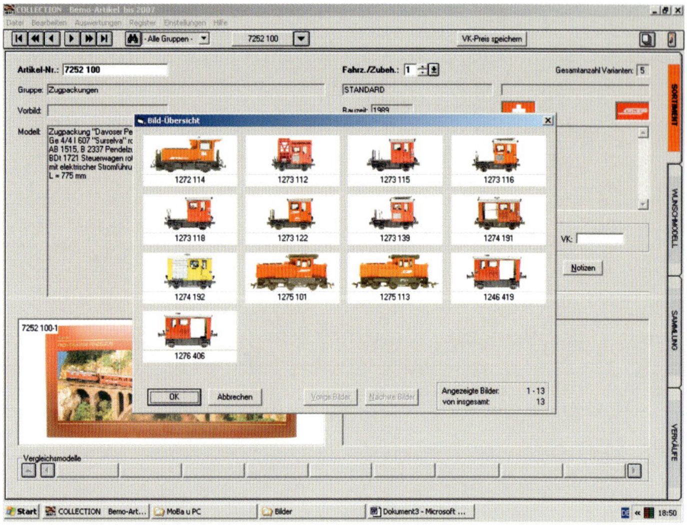

Nun werden die unseren Suchkriterien entsprechenden Artikel aufgelistet und in Form kleiner Bilder dargestellt. So ist man rasch zu der gesuchten Maschine gekommen. Das funktioniert natürlich auch mit allen anderen Artikeln des betreffenden Herstellers

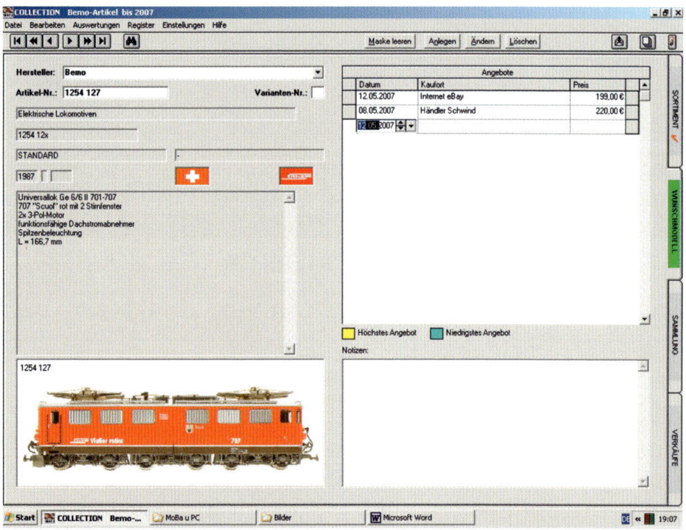

Nach dem gleichen Muster kann man sich auch eine Wunschmodell-Liste anlegen und die preislich attraktivsten Angebote auflisten. Rasch und übersichtlich kann man so seine Wünsche verwalten.

3.1.1.3. GEORDNETE VERKÄUFE

Unter der Registerkarte »Sammlung« können die eigenen Modelle aufgelistet werden. Zur genauen Identifizierung sind Textfelder vorgesehen, die die Eingabe von Betriebsnummer, Fahrgestellnummer, Digitaladresse, Kaufdatum, -ort und –preis gestatten. Zudem kann der Besitzer Angaben zum Zustand des Modells eingeben und seinen aktuellen Wert taxieren. Nicht zu unterschätzen ist auch das Textfeld »Lagerort«, das die genaue Identifikation des Aufbewahrungsorts des Modells gestattet.

Die vierte und letzte Registerkarte ist der Bereich »Verkäufe«. In entsprechende Textfelder ist – wie im Bereich »Sammlung« – die genaue Modell-Beschreibung einzutragen (Artikel- und Kaufdaten), darüber hinaus besteht die Möglichkeit, das Modell im Hinblick auf seinen Zustand (bespielt oder neuwertig) und die evt. vorhandene Originalverpackung (wichtig für einen höheren Wiederverkaufswert) zu bewerten. Das Modell wird sozusagen für den Verkauf vorbereitet. Schließlich können nach erfolgtem Verkauf noch die zugehörigen Verkaufsdaten (Preis, Datum, Käuferadresse) eingetragen werden.

Natürlich sind auch eigene Einträge möglich, etwa für selbst gebaute Modelle, die keine Artikelnummer besitzen. Ihre Einbindung ist natürlich nur in den Registern »Wunschmodell«, »Sammlung« und »Verkäufe« möglich: Hierfür wird das entsprechende, zuvor in ein Verzeichnis eigener Wahl eingescannte Modellfoto ausgewählt. Dann geht man in die Menüleiste »Einstellungen« und wählt »eigenes Bild«. Nach Anzeige des zugehörigen Pfads wählt man das Bild aus und bestätigt den Vorgang mit »OK«.

Damit will ich schließen, die ersten Schritte mit dem Collection-Programm sind skizziert worden. Natürlich gestattet das Programm noch weit mehr, etwa das Ausdrucken der Inhalte oder komfortables Arbeiten mit den Inhalten, als hier im Rahmen der Zielsetzung des Buchs vorgestellt werden konnte.

3.2. INFORMATIONSMEDIEN

Neben der Verwaltung der Modelle bietet sich der Computer auch als Grundlage für Informationen über Modelle bzw. deren Hersteller an. Hierfür lassen sich spezielle CD-ROM nutzen, wie sie von zahlreichen Modellbahnproduzenten angeboten werden. Auf einer solchen CD-ROM sind Informationen zum aktuellen Produktkatalog, zu Neuheiten, aber auch über den Hersteller zu finden. Zudem bietet ein solches Speichermedium Platz für so manches feature, also Hintergrundinformationen zu den unterschiedlichsten Themenbereichen.

3.2.1. BEISPIEL-CD

Ich möchte hier die CD-ROM des Unternehmens Fleischmann einmal näher vorstellen. Vor dem Erwerb achtet man darauf, ob der heimische Computer die Systemanforderungen erfüllt: Auf der CD finden sich dazu die Angaben zum erforderlichen Betriebssystem, in diesem Fall läuft das Programm unter Windows 95, 98, 2000, NT oder XP.

Als Grafikkarte empfiehlt der Hersteller 1024 x 768 Pixel und 32.768 Farben für die optimale Darstellung. Natürlich kann man die CD auch mit einer minder leistungsfähigen Grafikkarte ansehen, dann muss man unter Umständen aber Abstriche in der Bildqualität machen. Da auch ein Video-Clip integriert ist, kann eine schlechtere Grafikkarte die Wiedergabequalität beeinträchtigen. Zudem sollte der Computer einen Internetzugang haben, der auf der Explorerversion ab 5.5 fußt.

3.2.1.1. INSTALLATION UND BEDIENUNG

Nach dem Einlegen der CD installiert sich das Programm von selbst. Auf dem Begrüßungsbildschirm wird rechts unten der Zugang in deutscher und englischer Sprache geboten. Nach dem Doppelklick auf die bevorzugte Sprachversion betritt man sozusagen die Innenwelt der CD.

Das Inhaltsverzeichnis listet nun sieben Punkte auf, über die man sich Informationen verschaffen kann.

In Form einer Firmenchronik stellt sich

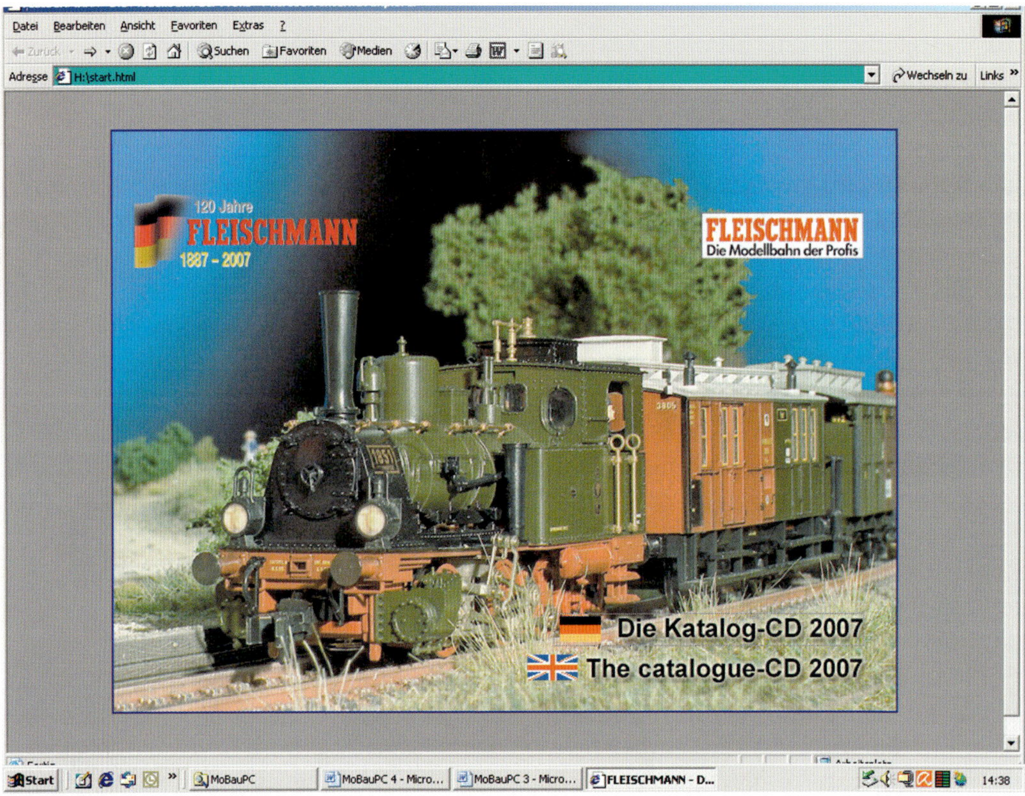

Der Begrüßungsbildschirm der Fleischmann-CD, wie er sich nach der Installation des Programms dem Anwender präsentiert. Rechts unten sind die Buttons zur Sprachauswahl zu erkennen.

das 1887 gegründete Unternehmen vor, mit den Pfeiltasten oder dem Rollbalken kann man sich den Text dann in den Fensterausschnitt hineinziehen. Auf der Standardschaltfläche klickt man nach dem Lesen »Zurück«, verlässt dann die Datei zur Firmenchronik und kehrt zum Inhaltsverzeichnis der CD zurück. Als nächstes wählt man die Datei zum »Fleischmann-Kurier« aus. Auf der aktuellen CD befindet sich nämlich die Ausgabe vom Januar 2007. Klickt man auf den Pfeil neben dem Inhaltsverzeichnis, öffnet sich die Datei und steht dem Leser zur Verfügung. Die Bandbreite reicht dabei von aktuellen Nachrichten aus dem Vorbildbereich über Reisebeschreibungen, Anlagenbau und Neuheiten, Bastel- und Modellbahntechniktipps sowie Ersatzteilblättern und endet bei Terminen von Veranstaltungen für Eisenbahnfreunde. Auch ein Inhaltsverzeichnis des vergangenen Jahrgangs ist zu finden.

Eine Reisebeschreibung aus dem Fleischmann-Kurier der CD, bequem am Bildschirm lesbar – Eselsohren und Kaffeeflecken so gut wie unmöglich.

Einen Großteil nehmen Produktinformationen ein, etwa zu den drei Fleischmann-Gleissystemen (Profi- und Modellgleis in H0 sowie das N-Gleissystem). Hierfür sind die entsprechenden Seiten des aktuellen Produktkatalogs im pdf-Format angelegt und auf die CD gebrannt worden. Darunter ist das portable document format zu verstehen. Dabei handelt es sich um ein so genanntes plattformübergreifendes Dateiformat für Dokumente, es stammt von dem Unternehmen Adobe Systems. Mit einem entsprechenden Programm (z. B. Adobe Acrobat) können Texte, Bilder und Grafiken als pdf-Dokument erzeugt und mittels Programmen wie Adobe Reader dargestellt werden. Der Vorteil einer pdf-Datei ist ihre universelle Eignung, denn sie enthält Daten aus beliebigen Anwendungen, die auf jedem Rechner angezeigt werden können. Damit eignet sie sich zum Austausch mit Nutzern in der ganzen Welt.

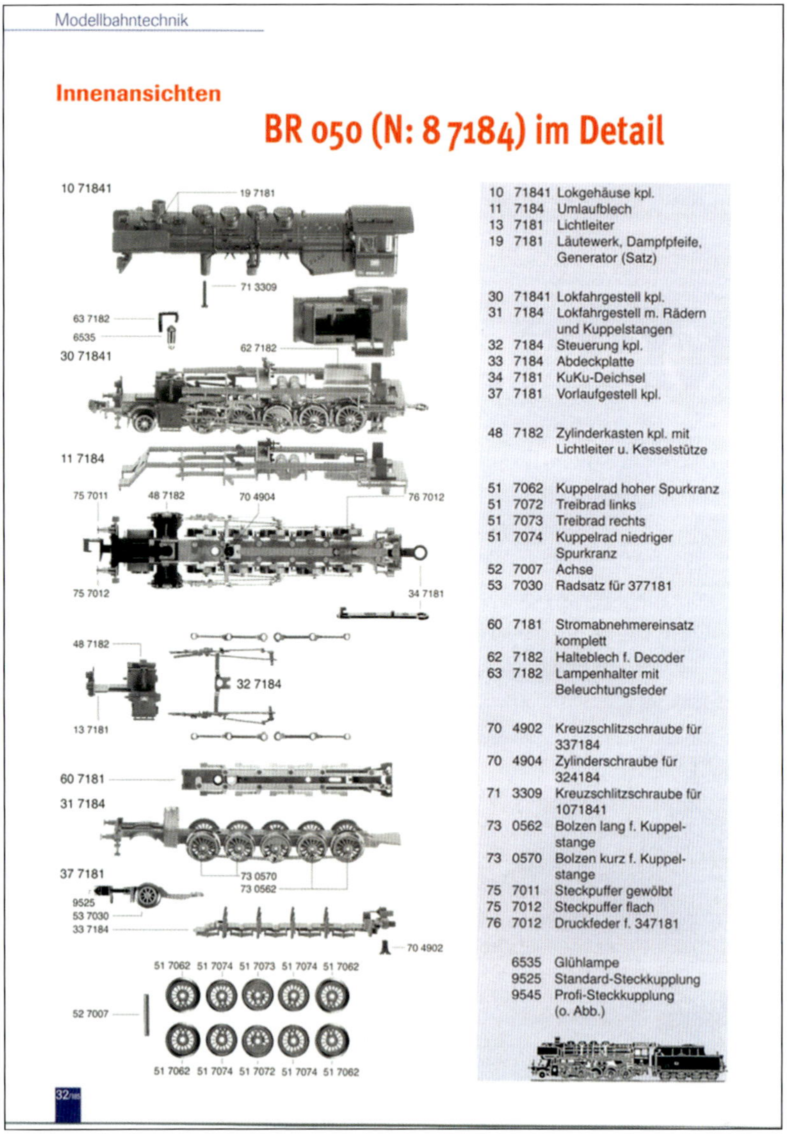
Modellbahntechnik

Innenansichten

BR 050 (N: 8 7184) im Detail

10	71841	Lokgehäuse kpl.
11	7184	Umlaufblech
13	7181	Lichtleiter
19	7181	Läutewerk, Dampfpfeife, Generator (Satz)
30	71841	Lokfahrgestell kpl.
31	7184	Lokfahrgestell m. Rädern und Kuppelstangen
32	7184	Steuerung kpl.
33	7184	Abdeckplatte
34	7181	KuKu-Deichsel
37	7181	Vorlaufgestell kpl.
48	7182	Zylinderkasten kpl. mit Lichtleiter u. Kesselstütze
51	7062	Kuppelrad hoher Spurkranz
51	7072	Treibrad links
51	7073	Treibrad rechts
51	7074	Kuppelrad niedriger Spurkranz
52	7007	Achse
53	7030	Radsatz für 377181
60	7181	Stromabnehmereinsatz komplett
62	7182	Halteblech f. Decoder
63	7182	Lampenhalter mit Beleuchtungsfeder
70	4902	Kreuzschlitzschraube für 337184
70	4904	Zylinderschraube für 324184
71	3309	Kreuzschlitzschraube für 1071841
73	0562	Bolzen lang f. Kuppelstange
73	0570	Bolzen kurz f. Kuppelstange
75	7011	Steckpuffer gewölbt
75	7012	Steckpuffer flach
76	7012	Druckfeder f. 347181
	6535	Glühlampe
	9525	Standard-Steckkupplung
	9545	Profi-Steckkupplung (o. Abb.)

32

Wichtige Produktinformationen wie dieser Ersatzteilplan für eine BR 50 sind auf der CD zu finden.

Auch die Gesamtkataloge 2007 für die Baugrößen H0 und N finden sich auf der CD. Dabei sind die einzelnen Produkte als icons abgebildet. Nach einem Klick auf den icon per Maustaste öffnet sich ein eigenes Fenster, in dem das gewünschte Produkt vergrößert dargestellt und ausführlich vorgestellt wird.

Auch ein Video, das die Herstellung der H0-Modelllokomotive der BR 18 zeigt, befindet sich auf der CD. Nach dem Anklicken des zugehörigen Pfeils im Inhaltsverzeichnis lädt sich das Video-Abspielprogramm selbsttätig.

Es öffnet sich nun ein kleines Fenster, das man durch Anklicken rechts oben auf dem Bildschirm füllend vergrößern kann. Rechts unten ist der Lautstärkeregler zu erkennen, mit dem der Begleittext des Videofilms reguliert werden kann. Links unten sind die Pausetaste und die Starttaste zu erkennen, mittels derer man den Film starten bzw. kurzzeitig anhalten kann.

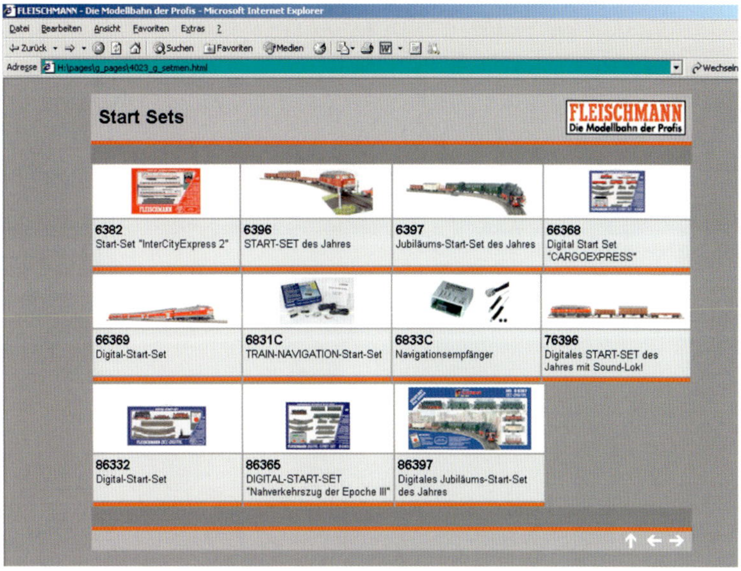

Die einzelnen Produkte auf der Fleischmann-CD sind als icons ausgebildet, nach einem Mausklick öffnet sich ein Fenster mit weiteren Informationen zu dem betreffenden Artikel.

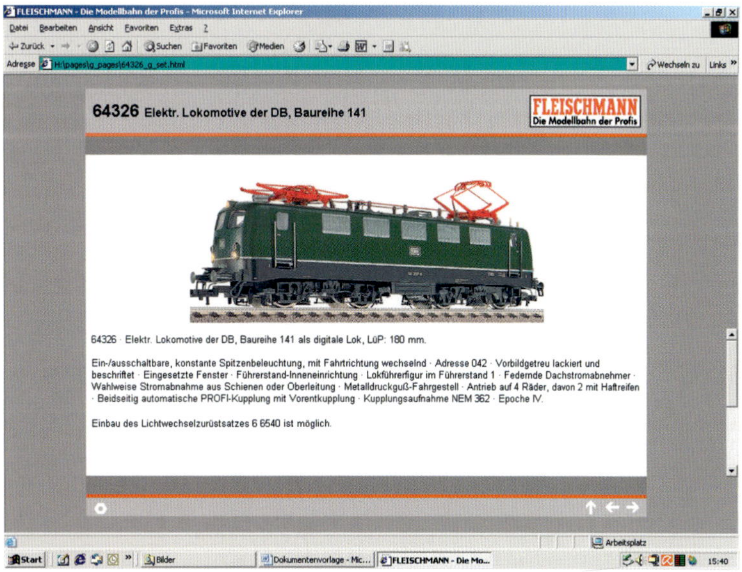

Zur Illustration wurde einmal der icon der 141 gedrückt. Kurz und bündig erhält der Anwender der CD alles Wissenswerte zu diesem Modell.

Das Video zeigt die langwierige Herstellung einer Modellmaschine und präsentiert all die zahllosen Handgriffe, die bei der Montage notwendig sind.

Sehr begrüßenswert ist die im pdf-Format auf der CD abgespeicherte Bauanleitung für eine erste Anlage, aufgemacht als Ratgeber für eine von Großvater und Enkel gemeinsam auf-

Lobenswerter Versuch: Großvater und Enkel bauen eine erste gemeinsame Anlage und erhalten eine Schritt-für-Schritt-Anleitung auf der Fleischmann-CD.

gebaute Anlage. Da das Hobby ohnehin unter Nachwuchsproblemen leidet, ist die reich bebilderte Broschüre ein sehr gut begehbarer Weg, den Nachwuchs an das Hobby heranzuführen. Schließlich kann der computerbegeisterte Enkel sich über das moderne Medium Computer selbst Informationen zum Bau einer Anlage beschaffen und wird so mit dem Hobby bekannt gemacht. Die Fotografien machen so richtig Lust, selbst einmal aktiv zu werden.

Selbstverständlich basiert der Ratgeber auf Fleischmann-Produkten. Drumherum wird eine Geschichte erzählt, wie der kleine Max mit seinem Großvater eine Anlage baut. Dabei werden die Grundkenntnisse des Modellbaus ebenso spielerisch vermittelt, wie elektrotechnisches Basiswissen kindgerecht aufbereitet.

3.3. AUSBLICKE

Was kann man sich noch alles auf einer CD beschaffen? Wer die Anlage mit Vorbildgeräuschen beschallen will oder wem es beim Spiel mit der Anlage zu ruhig ist, der kann zur CD-ROM von Poscher (Adresse siehe Anhang) greifen. Sie bietet unterschiedliche Naturgeräusche. Die sich selbst installierende CD bietet 80 min. Beschallung mit Vogelgezwitscher und Bachgeplätscher. Ein kompletter Tagesablauf ist auf dieses Zeitfenster zusammengedrängt: Frühmorgendliches Vogeltirilieren und Hahnkrähen, mittägliches Hühnergegacker und abendliches Flussgeblubber untermalen die heimelige Modelllandschaft mit Geräuschen.

Da dem Modellbahner im Hinblick auf Aussehen und Beschaffenheit der Stelltischfelder zumeist die Grundlage für den Bau eines vorbildgetreuen Gleisbildstellpults fehlt, könnte die CD-Rom von Josef Dusch (Adresse siehe Anhang) hilfreich sein. Auf CD bietet das Unternehmen eine Planungshilfe für Computerbesitzer an. Vorbild ist das Drucktasten-Gleisbildstellpult DrS2. Mithilfe der auf CD mitgebrannten CorelDraw-Dateien kann eine selbst gestaltete Stelltischoberfläche über einen Drucker ausgegeben oder aber von einer professionellen Druckerei hergestellt werden. Voraussetzungen sind mindestens die CorelDraw-Version 6 sowie das Betriebssystem ab Windows 95.

3.3.1. ZEITSCHRIFTEN AUF CD

Die bekannte Modellbahnzeitschrift MIBA ist eine der Vorreiterinnen in diesem Bereich. In einer Reihe von CD-ROM werden nicht nur alle bisher erschienenen MIBA-Jahrgänge digitalisiert angeboten, sondern auch die umfangreiche Sonder- und Spezialheft-Palette. Auch den Monatsausgaben oder der sehr empfehlenswerten Reihe über digitale Eisenbahn liegen immer wieder CD-ROM bei. Zu finden sind nicht nur die Texte, sondern auch alle Zeichnungen und Bilder. Zum raschen Auffinden dient das Gesamtinhaltsverzeichnis. Eine Druckoption gestattet das Ausdrucken gewünschter Artikel und Darstellungen.
Systemanforderungen sind dabei generell mindestens ein Pentium 133, natürlich ein CD-ROM-Laufwerk, 8 MB RAM und das Betriebssystem ab Windows 95.

4. SIMULATIONSPROGRAMME

Der Möglichkeiten, das Modellbahnhobby mit einem Computer aufzuwerten, gibt es viele. Eine davon ist der Simulationsbetrieb. Darunter sind Computerprogramme zu verstehen, die den Vorbild- oder Modellbetrieb nachstellen, also simulieren können.
Erst im Jahr 2000 sind die ersten optisch wie betrieblich befriedigenden Eisenbahnsimulationsprogramme auf den Markt gekommen. Zu einem Zeitpunkt also, als die üblichen Computer-Schlächterspiele bereits allerhöchste Ansprüche – wenn man denn in diesem Zusammenhang dieses Wort benutzen will – erfüllten. Doch bleiben wir friedlich: Es gibt inzwischen eine Vielzahl an sehr guten Eisenbahnbetriebs-Simulationsprogrammen.

4.1. FAHREN WIE IN ECHT

Aus einer Reihe von interessanten Simulationsprogrammen eines herauszugreifen fällt nicht leicht. Die Wahl ist auf den Train Simulator gefallen, womit keine Empfehlung verbunden sein soll. Anhand dieses Programms möchte ich einen Eindruck von solchen Simulationen vermitteln.
Die Installation stellt kein Problem dar. Nach dem Einlegen der CD in das Laufwerk wird man angeleitet, welche Schritte zu tun sind.
Die korrekte Bedienung erfordert für den Anfänger schon einiges an Konzentration, denn einfach mal so hinsetzen und drauflos spielen, führt – wie bei den meisten Computer-Simulations-Spielen – zu unbefriedigenden Ergebnissen:

4.1.1. KINDHEITSTRAUM LOKFÜHRER

Endlich kann Modellbahner Ulrich L. seinen Traum Lokführer doch noch verwirklichen. Heute hat er die gewiss freudvolle Aufgabe, einen Nahverkehrszug von Astadt nach Bdorf zu bringen. Bis zur Abfahrt ist noch etwas Zeit, sich lässig aus dem Fenster zu lehnen und am Zug entlang zu blicken. Zufrieden brabbelt der Diesel der 211 – natürlich in ozeanblau-beiger Lackierung, wie es sich für den Epoche-IV-Freak gehört – unter dem Lokführersitz vor sich hin.
Da, aus dem Bahnsteig-Lautsprecher tönt es grell »Bitte einsteigen, Türen schließen selbsttätig!«. Das Ausfahrsignal springt auf grün, der Blick schweift noch mal am Zug entlang, keiner will mehr einsteigen, die Türen werden geschlossen. Jetzt aber hurtig: Lokbremse lösen und den Diesel aufjaulen lassen. Abfahrt – und nix passiert. Klar, Simulations-Lokführer L. hat vergessen, die Zugbremse zu lösen, peinlich, peinlich! Ich löse die Bremse und endlich geht es los. »40 km/h« werden mir signalisiert und ich beschleunige die Maschine, um den Fahrplan einzuhalten, in 12 Minuten muss ich im nächsten Bahnhof sein.
Dem so enthusiastischen wie ahnungslosen Lokführer will es nicht so recht gelingen, die vorgeschriebene Geschwindigkeit einzuhalten.

Rasch summieren sich Sekunden zu Minuten und es wird eine Verspätung durchgegeben. Erstes Murren dringt aus der hinteren Wagenklassen nach vorn, wo sich kleine Schweißtropfen auf der Stirn des Simulations-Lokführers bilden.
Um die Verspätung in Grenzen zu halten, zieh ich den Diesel richtig auf – Geschwindigkeitsbeschränkung? Nicht mein Problem – Langsamfahrstellen? Ja mein Gott, große Aufgaben erfordern Großzügigkeit in der Aufgabenauslegung, gell?! Haltepunkte? Ja Leute, da habt ihr halt Pech gehabt! Unbeschrankte Bahnübergänge? Ein bisserl Bimmeln ist ja noch machbar!
Na also, die Verspätung wird reduziert. Mächtig stolz roll ich im folgenden Bahnhof ein, vergess' aber rechtzeitig zu bremsen und rattere am Bahnsteig vorbei. Macht nix, Richtungswender betätigt, Bremsen gelöst (sowohl Lok- wie Zugbremse!, bin ja lernfähig) und rückwärts zum Bahnhof zurückgerollt. Dann die ganze Fuhre endlich abgestellt und Türen geöffnet! Die Welt ist mein!
Wie im Flug sind 20 Minuten vergangen. Dann beende ich die Simulation, lass' mir aber vorher noch einen Bericht geben. Was? »Sie haben 5 Mal die Geschwindigkeit übertreten und Langsamfahrstellen nicht beachtet. Sie haben 7 Minuten Verspätung. Sie haben in 13 Bahnhöfen nicht angehalten. Aufgabe nicht gelöst«, heißt es da so deutlich lesbar wie vernichtend für den Simulations-Lokführer.
Zerknirscht lade ich das Spiel erneut, »mit mir nicht meine Freunde«, raunze ich den Computer an. Von neuem will ich den Zug von Astadt nach Bdorf bringen, wäre doch gelacht...

4.1.2. ÜBUNG WICHTIG

Verlassen wir an dieser Stelle das Trauerspiel, obgleich es nicht nur für Psychologen interessant wäre zu beobachten, wie sich Frustration auswirken kann... Also: So völlig unvorbereitet kann man die Simulation nicht betreiben, das Scheitern wäre vorprogrammiert. Da man das Ganze aber ohnehin nicht allzu Ernst nehmen soll, habe ich kein Problem mit der nun aufkommenden Vermutung, dass der Simulations-Lokführer L. einfach überfordert ist.
Mit ein bisschen Übung klappt's dann immer besser. Ziel ist es, wie bei jedem Spiel, dass unter Einhaltung der Spielregeln – und die sind bei dieser Simulation nun einmal die Einhaltung einer Reihe von Vorschriften des großen Vorbilds – der Sieg errungen wird, will sagen, die Aufgabe gelöst wird.
Dann beginnt sich der Blick langsam von den Instrumenten und Anzeigen zu lösen und schweift in die Landschaft – man fährt durch die Gegend und genießt.

4.1.2.1. INSTALLATION UND BEDIENUNG

Nach der Installation (Systemvoraussetzungen Windows 95/98/ME/2000/XP; Prozessor 266 MHz oder höher; Arbeitsspeicher Windows 95/98/ME 32 MB, Windows 2000 64 MB; Grafikkarte 8 MB; Soundkarte, Kopfhörer oder Boxen) öffnet sich der Begrüßungsbildschirm und zeigt ein Foto einer Lokomotive. Nun stehen vier Optionen zur Wahl: eine einführende Zugfahrt, Lernprogramme, das Fahren eines Zugs und das Laden einer gespeicherten Aufgabe (dazu später mehr).

Der Begrüßungsbildschirm des Train Simulator mit den vier Options-Buttons. Links unten die drei Navigationssymbole, mit denen man zu einzelnen Programmschritten gelangt.

Auf der Menüleiste am unteren Rand sind drei Symbole zu erkennen, die mit der Maus angeklickt werden können: Mit »Zurück« kommt man immer zum vorherigen Bildschirm bzw. zur vorher angewählten Option; mit »Anfang« kommt man auf den Einführungsbildschirm und mit »Optionen« kann man eigene Einstellungen vornehmen. Nach dem Anklicken des icons »Optionen« öffnet sich eine Dialogbox.
In der Menüleiste sind fünf Optionen zu erkennen: Unter »Allgemein« wird dem Anwender die Möglichkeit gegeben, den Realitätsgrad zu verändern, z. B. muss der Spieler mit dem Entgleisen des Zugs rechnen etc. Darüber hinaus sind die Lokführerinformationen ebenfalls veränderbar. Voreingestellt ist ein Streckenmonitor, von dem aus die vor einem liegende Strecke überwacht werden kann. Zusätzlich kann man sich z. B. den nächsten Bahnhof gesondert anzeigen lassen (für Anfän-

Die fünf Optionen, zu denen man nach dem Drücken des icons »Optionen« gelangt. Unter der angewählten Registerkarte »Allgemein« lässt sich die »Spiel-Realität« verändern, z. B. ist ein Entgleisen auswählbar – freilich passiert dabei nichts Schlimmes, nur die Lok oder Wagen hupfen aus den Gleisen.

ger empfehlenswert), auch Zusatzinformationen über die Weichenstellung sind möglich. Mit einem Klick auf den Button »Standard wiederherstellen« befreit sich der Anwender aus misslichen Situationen, wenn er etwa nicht mehr weiß, wie die Voreinstellungen ausgesehen haben.

Unter »Tastatur« sind Steuerungszuweisungen möglich. Das ist für den Fall interessant, wenn man mit den Tastatur-Steuerungs-Voreinstellungen nicht klar kommt oder eigene Zuweisungen festlegen will. Unter »Sound« lässt sich die Lautstärke verändern, und zwar die Gesamt-, die Zug- und die Umgebungslautstärke. Voreingestellt sind 100 %, wem das zu laut ist, kann da reduzieren (die Lautstärke lässt sich auch am Computer selbst verringern, etwa durch einen Rechtsklick mit der Maustaste auf das Lautsprechersymbol am rechten unteren Bildschirmrand und nachfolgendem Anpassen der gewünschten Lautstärke).

Unter »Anzeige« stellt man die optimale Bildschirmauflösung und die allgemeine Darstellungsqualität ein. Die

Bildschirmauflösung ist nicht zu hoch wählen, da das Rechnerleistung kostet und zuungunsten eines flüssigen Ablaufs des Spiels geht. Zu überlegen ist auch, vor allem, wenn man einen älteren, aber den Systemvoraussetzungen noch genügenden Computer sein Eigen nennt, ob man die allgemeine Darstellungsqualität nicht etwas verringert, was die optimale Leistungsfähigkeit des Spiels erhöhen kann.

Unter der letzten Option »Erweiterte Anzeige« ist eine Feineinstellung der Landschaft und der Zugobjekte möglich, alles ist bereits auf die optimale Darstellung voreingestellt. Wie gesagt: bisweilen bieten sich hier Reduktionen an, vor allem, wenn man beim Spielen merkt, dass die Bilder nicht flüssig laufen und stocken – dann hat der Computer Probleme, die mit der Darstellungsqualität anfallende Datenflut zu verarbeiten.

Übrigens lassen sich alle Veränderungen durch Anklicken des Buttons »Speichern« festhalten. Danach erfolgt die Rückkehr zum vorherigen Bildschirm.

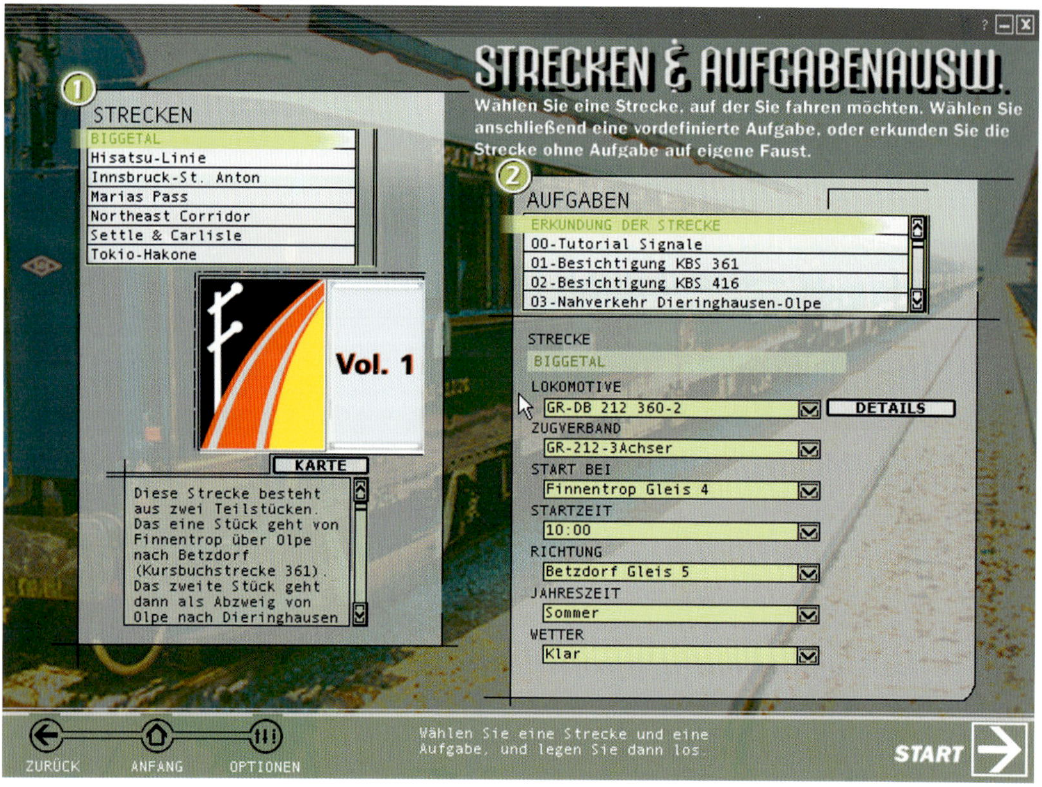

Unter der »Einführenden Zugfahrt« sind in der Grundeinstellung (also nach der Installation der Doppel-CD) Fahrten auf einer der sechs genannten Strecken möglich. Die Strecke durch das Biggetal entstammt einem Add-On, also einem Zusatzprogramm, das extra angeschafft und installiert werden muss.

4.1.2.2. EINFÜHRUNGSRUNDE

Damit es dem Simulations-Lokführer nicht so geht wie dem Kollegen L., empfiehlt sich die Option »Einführende Zugfahrt« anzuklicken. Auf dem folgenden Bildschirm sind links oben die Namen von sechs vorgegebenen Strecken zu sehen, auf denen eine Einführungsfahrt unternommen werden kann. Links unten wird die per Mausklick angewählte Strecke kurz und prägnant beschrieben. Durch Anklicken des Buttons »Strecke« kann man sich sowohl den Verlauf wie das Höhenprofil der ausgewählten Strecke anschauen. Zum vorigen Bildschirm kommt man durch Drücken des icons »zurück«.

Zur Demonstration wählen wir unter Strecken »Marias Pass« aus, dann öffnet sich eine Bildbox mit einem Ausschnitt einer BNSF-Lokomotive und links unten wird die Strecke in Montana kurz beschrieben. Unter dem Button »Karte« sehen wir das Höhenprofil der 163 Meilen langen Strecke zwischen Whitefish und Shelby mit dem Scheitelpunkt der Strecke bei der Meile 67,7.

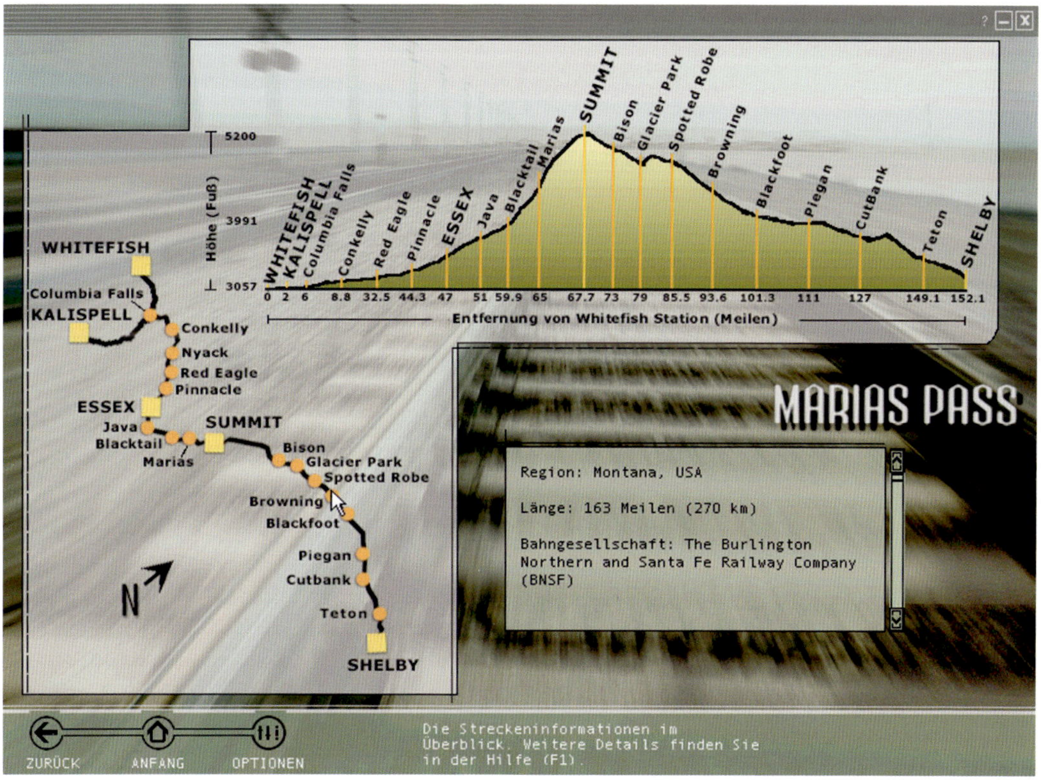

Nach dem Drücken des Buttons »Karte« öffnet sich das Streckenprofil der ausgewählten Strecke »Marias Pass« mit allen relevanten Informationen.

Zurück auf dem vorigen Bildschirm (»zurück« anklicken) werden in einer Box rechts auf der Seite unter »Erweiterte« die Lokomotive (»Dash 9«), die Uhrzeit (»12:00:00«), die Jahreszeit (»Frühling«) und das Wetter (»klar«) der bevorstehenden Einführungsfahrt angekündigt. Mit dem Button »Details« erhält man eine technische Information zur Dash 9.

Mit dem Button »Details« erhält man diese Informationen zur Dash 9, mit der die Einführungsfahrt über den Marias Pass unternommen wird.

Klickt man nun auf Start, nimmt man an einer »einführenden Zugfahrt« teil. Aus dem Off ist eine Stimme zu vernehmen, die die wichtigsten Handgriffe und die Möglichkeiten des Programms erklärt. Die Perspektive (Blick aus dem Führerstand, mehrere verschiedene Außenansichten) ist dabei jederzeit veränderbar.

Die zweite Möglichkeit, den Umgang mit der Simulations-Software zu lernen, ist das Lernprogramm. Auf dem Begrüßungsbildschirm angeklickt und schon sitzt man im Führerstand einer E-, Diesel- oder Dampflok.

4.1.2.3. WIR FAHREN

Nach einigen Übungen kann es dann auch schon losgehen. Klickt man auf dem Begrüßungsbildschirm »Fahren

Dieser Ausblick empfängt den Fahrer im Führerstand der Dash 9. Mit den Pfeiltasten sind die Perspektiven jederzeit zu wechseln.

Auch eine Außenansicht ist möglich. Das ist von Vorteil, wenn eine zu erledigende Rangieraufgabe knifflig ausfällt und man nicht wegen eines Fahrfehlers – z. B. rollt man zu nahe an ein rot zeigendes Signal heran – vom Programm aus dem Spiel gekippt werden will.

eines Zuges«, wird zu einem weiteren Bildschirm geleitet. Unter 1) werden die zur Verfügung stehenden Strecken mit einer kurzen Beschreibung aufgelistet, unter 2) finden sich die zur Auswahl stehenden Aufgaben, denn mit dem Train Simulator kann man nicht nur »herumfahren«, sondern es warten – wenn man will – auch »Aufgaben« auf den Anwender.
Doch der Reihe nach: Am Anfang empfiehlt sich eine »Erkundung der Strecke«, man kann also sozusagen auf eigene Faust die Strecke abfahren und kennen lernen. Gesteuert wird mit den Tasten der Tastatur, das wird im Lernprogramm ausführlich erläutert. Hier wollen wir die wichtigsten Handgriffe erklären. Wie wählen als Strecke »Marias Pass« aus und entscheiden uns für eine »Erkundung der Strecke«. Nach dem Start wird so zu sagen der Blick aus dem Führerhaus auf die Strecke freigegeben. Links unten ist der so genannte Streckenmonitor zu sehen. Er ist natürlich auch an jede andere Stelle des Bildschirms zu bringen: Anklicken, mit gedrückter Maustaste an die gewünschte Stelle ziehen und »fallenlassen«.

Blick aus dem Führerstand der US-Diesellok. Links unten eingeklinkt ist der so genannte Streckenmonitor, der prinzipiell verschiebbar ist (Anklicken und mit gedrückter Maustaste an den gewünschten Ort auf dem Bildschirm bringen).

Zunächst stellt man mit dem Richtungswender (die »W«-Taste) die Fahrtrichtung ein. Mit der »Ö«-Taste löst man die Zugbremse und mit »Ü« die Lokbremse. Mit »D« gibt man Gas und ab geht's. Jede weitere Betätigung der »D«-Taste beschleunigt die Maschine, mit Drücken der »A«-Taste verringert sich die Geschwindigkeit.

Blickt man auf den Streckenmonitor, so ist oben die Geschwindigkeitsanzeige zu erkennen: Höchstgeschwindigkeit auf dem aktuell befahrenen Streckenabschnitt sind 60 mph, aktuell fährt der Zug 23 mph, bei gleich bleibender Einstellung werden aber nur 20 mph erwartet, der Zug wird momentan also langsamer und deshalb müsste der Lokführer »mehr Gas geben«, also »D« drücken.

4.1.2.4. ADD-ONS

Mit der CD des Train Simulators lässt sich der soeben beschriebene Betrieb machen. Von den Bahnlinien »Innsbruck-St. Anton« und »Settle & Carlisle« (in Großbritannien) einmal abgesehen, befinden sich auf der Grundversion des Simulations-Spiels keine weiteren europäischen Strecken. Dafür gibt es so genannte Add-Ons, also Zusatzprogramme. Solche Add-ons sind für die unterschiedlichsten Themenbereiche erhältlich, sowohl für bestimmte Strecken als auch Epochen. Übrigens sind zahlreiche Add-Ons mit Unterstützung von Mitarbeitern der Deutschen Bahn und von Fachzeitschriften entstanden. Es gibt Zusatzprogramme, die in den 1970er-Jahren spielen. Da fahren die altroten 211/212, Schienenbusse VT

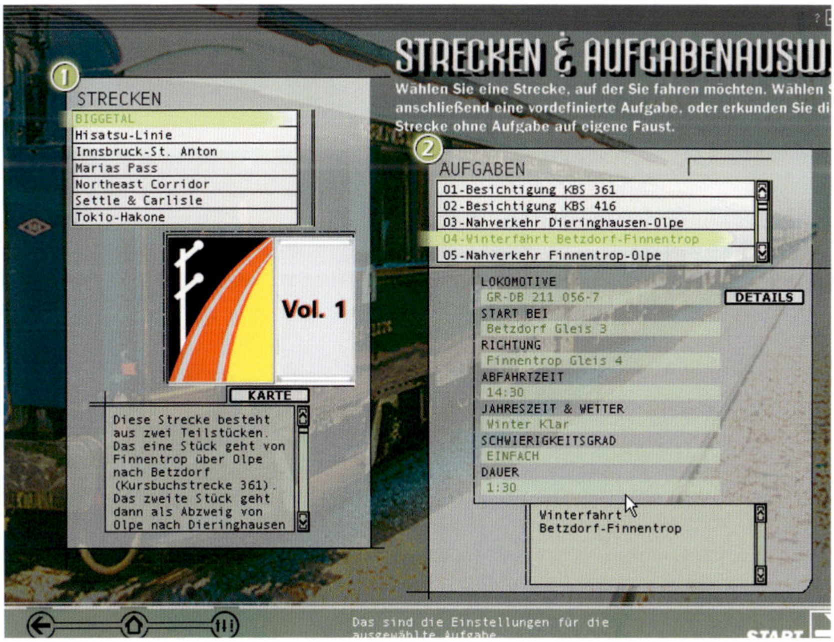

Nach der Installation eines Add-Ons – hier des Biggetals in den Siebzigern – wird eine neue Strecke – eben das Biggetal – in die Streckenauswahl aufgenommen.

95 und VT 98, aber auch die Köf II rattert auf den Gleisen. Hierzu gehört natürlich auch das zeittypisch passende Wagenmaterial wie vierachsige Umbauwagen oder Silberlinge.
Nach Installation z. B. des Add-Ons »Die Siebziger – Entlang der Bigge« sieht das alles schon etwas heimatlicher aus. Erkundet man jetzt die Strecke und übernimmt den voreingestellten Zug, sitzt man schon mal in einer zufrieden grummelnden altroten 212 vor einem Zug aus Dreiachsern und startet von Finnentrop aus in Richtung Betzdorf.

Der Schienenbus vor einer Auswahl erhältlicher Add-Ons.

4.1.3. ANSPRUCHSVOLLE AUFGABEN

Nun macht das Herumfahren natürlich eine Menge Spaß, ist aber nicht alles. Die Software stellt nämlich eine Reihe von Aufgaben zur Verfügung, die aus der ziellosen Fahrerei plötzlich ein durchaus anspruchsvolles Vergnügen machen.
Schaut man sich einmal die zur Auswahl stehenden Aufgaben an, dürfte für jeden Geschmack etwas dabei sein. Je nach Add-On werden ganz unterschiedliche Aufgabe zur Erledigung zugeteilt.
Im gewählten Beispiel bleibt man freilich immer im Biggetal, aber der Nebenbahnbetrieb ist ja nicht nur für die Modellbahnanlage ein empfehlenswertes Thema, sondern auch für den Simulations-Fahrer. Jetzt soll es im Winter von Betzdorf nach Finnentrop gehen.

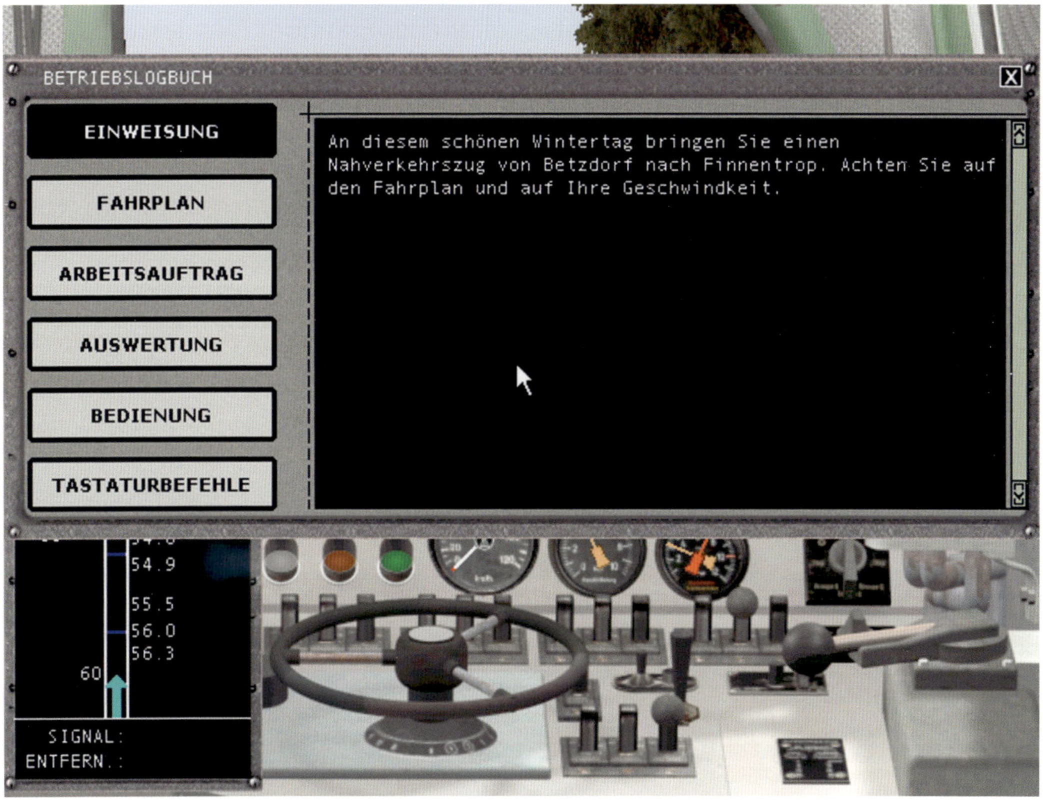

Mit der Funktionstaste F11 wird das Betriebslogbuch aufgerufen und über die Führerstandsperspektive gelegt. Dort ist alles Wichtige zu erfahren und jederzeit nachlesbar – also auch während des Betriebes.

Mit der Taste F11 ist jederzeit das Betriebslogbuch aufrufbar, das die Aufgabe benennt: »An diesem schönen Wintertag bringen Sie einen Nahverkehrszug von Betzdorf nach Finnentrop. Achten Sie auf den Fahrplan und auf Ihre Geschwindigkeit.«, heißt es lakonisch. Mit einem Mausklick auf den Button »Fahrplan« sind alle Haltestellen zu sehen. Mit »Bedienung« und »Tastaturbefehle« kann man die Tastenbelegung aufrufen und rekapitulieren. Das ist am Anfang sicher öfters notwendig, gegen später, als geübter Spieler, sicher nicht mehr. Unter »Auswertung« kann man seine Fahrt-Leistung abschließend vom »Fahrlehrer« Computer »kritisieren« lassen.

Mit der Taste F10 kann man sich den Fahrplan mit der Anzeige des nächsten Bahnhofs, in dem angehalten werden soll, so zu sagen ständig auf den Bildschirm holen – wichtig, wenn die Aufgabe – bei allem Spaß – Ernst genommen werden soll und man pünktlich sein will. Auf dem Streckenmonitor sind die wichtigsten Angaben über die vor einem liegende Strecke zu ersehen. Dazu zählen etwa Geschwindigkeitsbegrenzungen, die Anzeige eines

Blick aus der 211 auf den Bahnhof »Betzdorf«, von wo aus die Reise losgehen soll. Soeben wurde F10 gedrückt, worauf der Fahrplan mit der Anzeige des nächsten Bahnhofs auf den Bildschirm geladen worden ist.

Signals und die Entfernung zu ihm, der Standort der Bahnhöfe, Weichen und ihre Lage.

4.1.3.1. RANGIERAUFGABEN

Aber wie in Wirklichkeit besteht der Bahnbetrieb nicht nur aus Streckenfahrt, sondern auch aus dem Güterverkehr mit entsprechend umfangreichen Rangieraufgaben. Erwartungsgemäß gestaltet sich das Rangieren mit dem Train Simulator spannend. Genau wie beim Vorbild können Waggons von den Be- und Entladestellen abgeholt und zu Zugverbänden zusammengekuppelt werden. Andere wiederum müssen an bestimmten Stellen im Bahnhof abgestellt werden.

Im Beispiel sollen Staubgutwagen mit einer Köf zugestellt werden. Ähnlich wie auf der Modellbahn muss der Simulations-Lokführer im Voraus planen, um alle Waggons an die ihnen zugedachte Stelle zu bringen. So sollte der zuerst abzusetzende Waggon nicht mitten im Wagenverband laufen, um aufwendiges Rangieren zu vermeiden, es sei denn, man will das...

Mit den Pfeiltasten kann die Perspektive jederzeit verändert werden. Soeben fällt der Blick aus der Köf auf den angehängten Zug aus Staubgutwagen.

Der Blick fällt nach hinten auf die angehängten Wagen (mit den Pfeiltasten), dann versichern wir uns mit einem Blick auf den Streckenmonitor, dass die Fahrt freigegeben ist. Um die Abstellgleise, auf denen die Waggons abgestellt werden sollen, anzuzeigen, drückt man F6 (damit werden auch die Namen von Bahnhöfen eingeblendet).

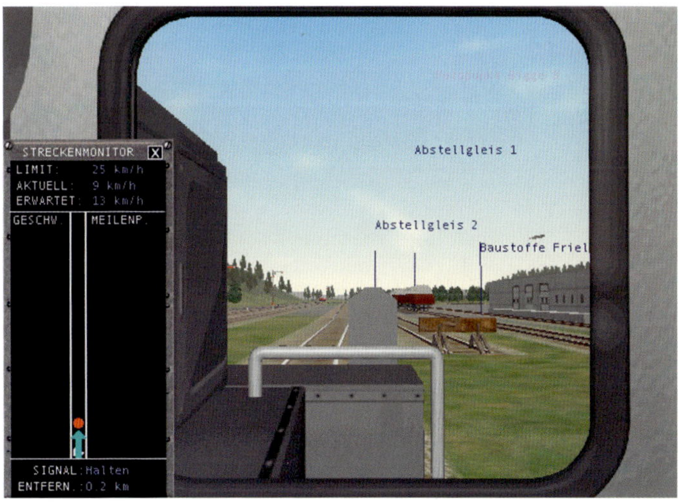

Mit der Taste F6 werden die Abstellgleis-Nummern angezeigt, damit die Rangieraufgabe auch erledigt werden kann.

Um nun einen Waggon abzukuppeln, bietet sich der Einsatz der speziellen Kupplungskamera an. Durch Druck auf die Taste »6« verändert sich die Perspektive und man schaut nun von oben auf den Zug. Mit den Pfeiltasten kann man zusätzlich in die Ansicht hinein- und auch wieder herauszoomen, sich also mit der Kamera auf das Objekt zu- und wieder davon wegbewegen.

Nach dem Drücken der Taste 6 (nicht zu verwechseln mit F6) verändert sich die Perspektive und man blickt von oben auf den Zug, was das Rangieren wesentlich erleichtert.

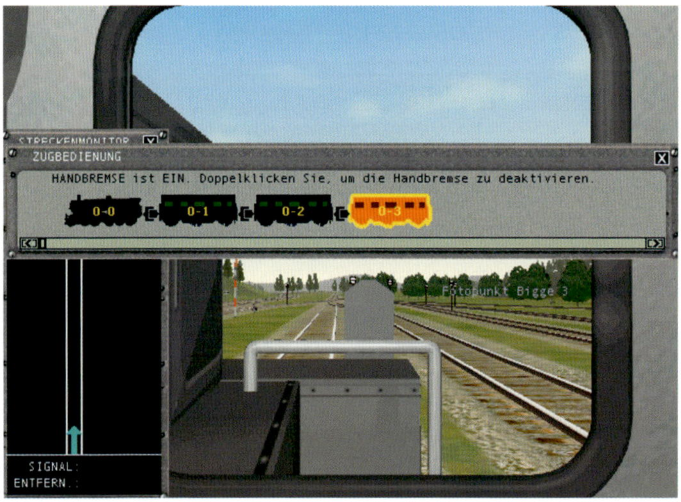

Die Taste F9 öffnet das Zugsteuerungsmenü, über das Waggons abgekuppelt werden können. Die Kupplung wird angeklickt, dann der abzuhängende Wagen doppelt – das Abkuppeln ist damit vollzogen.

Über das Zugsteuerungsmenü werden Waggons abgekuppelt. Man öffnet es mit der Taste F9 und wählt mit einem Klick die gewünschte Kupplung des zum Abhängen vorgesehenen Wagens. Dann doppelklickt man auf den Waggon und das Fahrzeug ist damit abgehängt.

Das Ankuppeln verläuft ebenso einfach: Man fährt sachte auf den anzuhängenden Wagen zu. Sobald die Lok den Wagen berührt, wird er automatisch angekuppelt – ein entsprechendes Geräusch meldet es dem Lokführer sozusagen.

Weichen werden übrigens über F8 gestellt: Dann öffnet sich eine Box, der obere Pfeil gehört zur vor dem Zug liegenden Weiche, der untere zur hinter dem Zug liegenden Weiche. Durch Anklicken eines gewünschten Pfeils wird die zugehörige Weiche umgestellt.

Die Einhaltung gängiger Fahrdienstvorschriften ist selbstverständlich, denn hält man vor einem rot leuchtenden Signal nicht an, beendet der Computer die Simulation und man muss erneut beginnen. Man fährt daher an ein Halt-gebietendes Signal heran und fragt beim Fahrdienstleiter um die Genehmigung zur Weiterfahrt. Das geschieht durch Drücken der Tabulator-Taste, dann erschallt eine blecherne Stimme und sagt »Genehmigung erteilt« und man tuckert friedlich weiter.

Rechts unten ist das Weichen-Fenster zu sehen. Mit einem Klick auf den Pfeil ändert sich die Lage der Weiche und man kann den gewünschten Fahrweg befahren.

4.1.3.2. BESONDERE STEUERUNGEN

Um das Fahrgefühl beim Spiel mit einem Fahrsimulationsprogramm noch zu steigern und wesentlich realistischer zu machen, ist der Raildriver Cab Controller (heißt soviel wie »Lokführer Steuerung«) eine gute Alternative. Er ersetzt die oben gezeigte tastenprogrammierte Steuerung durch an das Vorbild angenäherte Steuergerätschaften. Der etwa 34 x 18 x 16 cm messende und knapp 2 kg schwere Cab Controller (in Deutschland beim Importeur Aerosoft, Adresse siehe Anhang, erhältlich) simuliert hierbei das Steuergefühl einer modernen E- oder Diesellok, nicht aber das einer Dampflok, deren Steuerungselemente kaum in einsetzbarer Spielform nachbildbar sind.

Das Gerät – zum Lieferumfang gehören neben der Steuerungseinheit auch ein 12-V-Trafo, ein Handbuch genanntes Heft und eine Installations-CD – kann schnell in Betrieb genommen werden. Die beiliegende Bedienungsanleitung – man muss sie nicht erst von der CD ausdrucken – erklärt die notwendigen Schritte leicht verständlich. Zunächst installiert der Anwender von der CD das Programm und die zugehörigen Treiber, dann schließt er den Cab Controller an den USB-Port des Computers an. Der Train Simulator muss anschließend über die Software des Cab Controller gestartet werden. Das Spiel läuft unter Windows 98, 2000 und XP. Technische Unterstützung und Antworten auf Fragen erhält man unter www.raildriver.com (in englischer Sprache).

Über vier große Hebel lassen sich die wichtigsten Bedienvorgänge steuern: Gasgeben, Richtungswechsel und zwei Bremsen (Lokomotive und Zugverband). Die Hebel selbst sind stabil und ausreichend schwergängig, um ein realistisches Fahrgefühl aufkommen zu lassen. Zugleich sind sie so fein einstellbar, dass der Zug bzw. die Lokomotive exakt zu rangieren sind. Selbstverständlich sind beim Cab Controller auch Schalter für Scheibenwischer und Lampen, Taster für Sandstreuer, Stromabnehmer, Sicherheitsfahrschaltung (Sifa) und Glocke sowie eine Tipptaste für das Horn vorhanden – wie in Echt eben. Raststellungen der Hebel entsprechen ebenfalls dem Vorbild.

Auf einem kleinen, aber kontrastscharfen Display erhält der Betreiber Rückmeldungen über den Ist-Zustand sowie die gefahrene Geschwindigkeit. Über ein Tastenfeld lassen sich die Sonderfunktionen des Train Simulator (vgl oben) steuern, also z. B. die verschiedenen Ansichten des Zugs (Blick aus der Lok, Blick auf den Zug von oben, von der Seite etc.), aber auch Informationsfenster oder diverse Zoomeinstellungen. In den Cab Controller ist auch ein Lautsprecher eingebaut, über den der charakteristische Klang der Fahrgeräusche abrufbar ist.

Die Landschaft ist gut gestaltet worden, Vereinfachungen sind im Interesse eines flüssigen Betriebsablaufs mit Rücksicht auf den Arbeitsspeicher vertretbar.

4.1.3.3. AUSBLICKE

Was beim Train Simulator überzeugt, sind die Geräusche, die bei entsprechender Ausstattung des Computers durchaus nicht nur das akustische Vorbildgefühl zu vermitteln vermögen. Zu beachten ist, dass die zur Auswahl stehenden Strecken nicht genauestens nachgestaltet worden sind, es steht also nicht jeder Baum da, wo er zu stehen hätte. Warum? Nun, weil das alles sehr viel Prozess-Speicherkapazität kostet. Und da ein ruckelfreies Spielerlebnis im Vordergrund steht, was ja im Simulationsbetrieb das Ziel ist, sind Landschaft und Immobilien leicht vereinfacht, aber immer noch zweifelsfrei als solche zu erkennen.
Es ist möglich, diese vereinfachte Darstellung anspruchsvoller zu gestalten, das empfiehlt sich aber nur, wenn die Leistung des Rechners, vor allem des Arbeitsspeichers, das hergibt. Ansonsten riskiert man das Ruckeln des Bilds, weil der Prozessor mit der Verarbeitung der Datenmengen nicht mehr nachkommt. Dazu kann man im Streckeneditor entsprechende Veränderungen vornehmen.
Hinzu gesellen sich zahlreiche, oft erfundene Industrieanschlüsse, um hinreichend viele Aufgaben für den Spieler bereitstellen zu können.
Frappierend echt wirkt auch die Signalisation, sie ist groß genug, um aus der fahrenden Lok heraus die eingestellten Signalpositionen erkennen zu können, das gilt auch für die Weichenlaternen, die die Stellung der zugehörigen Weiche klar anzeigen.
Wem kann eine solche Simulation empfohlen werden? Nun, allen, die Spaß an Eisenbahnen haben und durchaus auch Jugendlichen, die auf diese Weise die Bahn von ihrer Hauptaufgabe her kennen lernen wollen und nicht durch Negativschlagzeilen in den Medien.

4.1.3.4. WEBSEITEN

Eine beliebige Auswahl interessanter Web-Sites zum Thema Train Simulator soll das Kapitel beenden. Auf den genannten Internet-Angeboten sind Bilder, Downloads, Workshopbeiträge, Foren mit entsprechenden Diskussionsbeiträgen und Tipps zum Gestalten individueller Fahrzeuge für den Train Simulator zu finden.

www.andreas-engfer.de
www.mikemad.de
www.ms-train-simulator.de
www.simrail.de
www.thetrain.de
www.trainsimulator.sebastianfrey.de
www.3dtrains.com
www.aluminiumcloud.com
www.railserve.com
www.train-sim.com
www.trainartisan.com
www.trainsimulatorworld.com
www.train-sim.dk
http://train-simulator.startkabel.nl
www.msts.nl
http://msts.e-buzz.net
www.trainsimulator.ch
www.train-sim.de
www.ms-trainsimulator.de
www.2xsrailway.com
http://communities.msn.com

5. Spiele

Ebenfalls erst seit kurzem gibt es optisch wie betrieblich befriedigende Eisenbahn-Spielprogramme. Darunter sind quasi »Ersatz-Modellbahnanlagen« zu verstehen. Es gibt Programme wie eisenbahn.exe, mittels derer sich eine Modellbahn-Anlage aufbauen und betreiben lässt. Wobei nicht verschwiegen werden soll, dass eine kleine Kreisstrecke rasch gebaut und betrieben ist, wer eine größere, anspruchsvollere Anlage bauen will, muss sich tiefer in die Anleitung einlesen. Also nach dem Motto »schaun m'r mal« lässt sich das Ganze nicht betreiben.

Dann aber sind im Grunde Atem beraubende virtuelle Modellbahnwelten möglich. Der Modellbahner, der mangels Zeit, handwerklicher Begabung, finanzieller Möglichkeiten oder einfach aus Platzmangel eine Ersatz-Modellbahn sucht, wird mit solchen Programmen sicher zufrieden sein. Solche Spiele eignen sich meines Erachtens in erster Linie für den Modellbahnernachwuchs, der ja ohnehin mit dem Computer aufwächst und auf diese Weise mit der Modellbahnerei zumindest virtuell in Berührung kommt. Möglicherweise stellen solche Spiele wirklich eine Chance dar, Kinder und Jugendliche für das Hobby Modellbahn zu begeistern, denn wer sich beim Planen, Gleiseverlegen und Fahren Appetit auf »echte« Modellbahn holt, dem sollte der Weg mit Blümchen gestreut werden.

5.1. Spielpartner PC

Hier soll es jetzt aber um etwas anderes gehen, nämlich um das Thema Computer als Spielpartner. Gesetzt den Fall, die heimische Anlage ist betriebsbereit (eine Landschaft braucht es dazu gar nicht), dann geht der gestandene Modellbahner erst einmal daran die betrieblichen Möglichkeiten der neu Erbauten erst einmal auszuprobieren. Sollten dabei Planungsfehler zum Vorschein kommen, die eine Umgestaltung der Gleisanlagen erforderlich machen, wird er wieder zu bauen beginnen.

Doch gehen wir einmal davon aus, dass ein funktionaler Gleisplan erstellt und verwirklicht worden ist. Alles funktioniert, wie sich das der Bauherr wünscht, das hat eine Probefahrt gezeigt. Dann teilen sich die Temperamente und dabei kann man drei Spezies beobachten: Der Modellbahner A wird munter drauflosfahren, ohne sich um einen Fahrplan zu kümmern. Der Modellbahner B wird in mühseliger Kleinarbeit einen Fahrplan erstellen, nach dem er dann fährt.

Und Modellbahner C, das erinnert nicht zufällig an C wie Computer, greift zum Rechner, um zu einem abwechslungsreichen Betrieb zu kommen. Die Software »Fracht Agent« ist ein Programm, mit dem sich der Betrieb auf der heimischen Anlage spannend gestalten lässt. Der Vorteil ist, dass es keine Verbindung

Modellbahnbetrieb wie er im Buche steht – je nach Temperament sucht man sich seinen Spaß: Man fährt drauflos, nach Fahrplan oder man lässt sich vom Computer sagen, wo es langgeht.

zwischen Modellbahn und Computer geben muss, an der Anlage müssen also keine Veränderungen vorgenommen werden.

5.1.1. BETRIEBSSPIEL

Das Programm stellt eine Wirtschaftssimulation auf der Anlage her: Es unterstützt den Modellbahner bei der Formulararbeit, verwaltet die Industrien, die Waggons und ganze Züge.
Allerdings muss der Modellbahner noch einiges an Vorarbeit leisten:

Zunächst einmal legt man sich eine »Güterverkehr-Landkarte« an, die folgende Fragen beantworten muss:

- Wo liegt meine Modellbahn (wie ist sie mit anderen »Städten« verortet?)
- Welche Güter werden auf meiner Modellbahn transportiert?
- Welcher Güterverkehr ist auf meiner Anlage sinnvoll darstellbar (welche Firmen treiben miteinan der Handel und stehen in Warenaustausch etc.?)

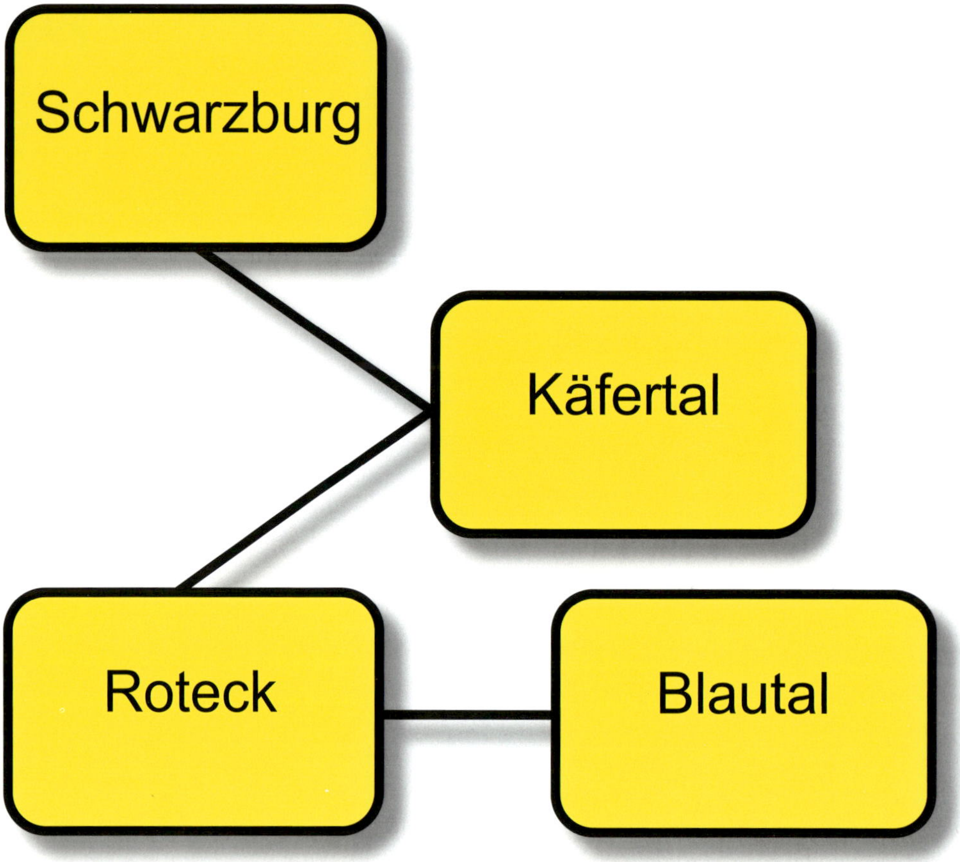

Dann wird (in Gedanken oder auf einem Blatt Papier) eine »Landkarte« erstellt, auf der alle möglichen logischen Verbindungen der heimischen Modellbahn eingezeichnet sind, diese könnte so aussehen: (siehe Abb. oben)

Als Beispiel und zur Illustration möchte ich die Stammdaten meiner eigenen Anlage nennen, mit der ich das Programm durchgespielt habe. Alle erforderlichen Daten habe ich zunächst einmal in einer Kladde säuberlich zusammengefasst: Dazu gehört eine Art »Drehbuch« wie »Der Bahnhof ‚Käfertal' ist eine kleinstädtische Kopfstation, in der sich zwei Nebenbahn-Strecken vereinigen: Züge kommen aus dem kleinen Bahnhof ‚Blautal' über ‚Roteck' sowie aus dem (Schatten-) Bahnhof ‚Schwarzburg'«.

5.1.2. DATENSAMMLUNG

Für den Güterverkehr hat sich die Anlage einer Tabelle bewährt. Mit »Ab-« bzw. »Zugang« ist der Güterversand (mit Zielort) bzw. die –anlieferung gemeint. Im Beispiel geht es um den Güterverkehr des kleinen Endbahnhofs »Roteck«:

Güter Bahnhof Roteck	Abgang nach	Zugang aus
Holz	Käfertal	
Bier	Käfertal	
Dto.	Blautal	
Dto.	Schwarzburg	
Fleischwaren	Käfertal	
	Blautal	
	Schwarzburg	
Schlachtvieh		Käfertal
Betriebsstoffe		Käfertal
Baumaterial		Blautal
Gerste		Schwarzburg
Hopfen		Käfertal
Gewürze		Käfertal

Und das ist nur der sinnvoll mögliche Güterverkehr in Roteck. Ebenso sind Verkehrsdaten für die anderen Bahnhöfe aufzustellen.
Danach geht man daran, allen Bahnhöfen (auch Schattenbahnhöfen und gedachten, also »außerhalb der Anlage befindlichen« Bahnhöfen) und von der Bahn angefahrenen Unternehmen Namen zu geben.
Anschließend tauft man auch alle Unternehmen, die sich auf der Anlage befinden und in das Betriebsspiel einbezogen werden sollen. Hier sind es das Holzwerk »Grünling«, die Brauerei »Goldbräu« und der Fleischveredler »Braun«.
Im Anschluss daran ist für jedes Unternehmen der tatsächliche Materialbedarf pro Zeiteinheit zu ermitteln. Im Beispiel ist das die Brauerei »Goldbräu«. Unter »Wagen« werden die für den Transport in Frage kommenden Typen aufgelistet, unter »Zeit« die Häufigkeit innerhalb – sagen wir – einer Woche (Ähnlichkeiten mit der Wirklichkeit wären rein zufällig).

Material	Menge	Wagen	Zeit (pro Woche)
Hopfen		2 G-Wagen	wöchentlich
Gerste		2 G-Wagen	wöchentlich
geheime Zusatzstoffe		1 Silowagen	wöchentlich
Limonadengrundstoff		1 Kesselwagen	täglich
Flaschen		3 H-Wagen	täglich
Kisten		3 H-Wagen	täglich
Betriebsstoffe		1 Kesselwagen	täglich
Bier und andere Getränke	20.000 l	2 Kesselwagen	täglich

5.1.3. INSTALLATION UND BEDIENUNG

Nachdem diese zugegebenermaßen etwas langatmigen Vorarbeiten (aber was macht man nicht alles für sein Hobby) erledigt sind, kann es endlich losgehen. Man installiert den »Fracht Agent« wie in der Installationsbeschreibung angegeben, dann kann nichts schief gehen. Ein kleiner Hinweis sei noch gestattet: Beim ersten Installationsversuch habe ich das so genannte Xampp Control Panel, das beim Installieren gestartet wird, wie beschrieben durch einen Klick auf den Button »Stop« angehalten. Man darf das Panel dann aber nicht schließen, wie ich es fälschlicherweise getan habe (in der Installationsbeschreibung findet sich kein Hinweis darauf, wahrscheinlich war ich da zu gründlich). Sondern man muss es auf dem Desktop belassen, da kurz vor Abschluss der Installation noch einmal darauf zugegriffen werden muss.

Ehe man eigene Daten erfasst, sollte man in den Datenbanken die Demo-Daten löschen (im Hauptmenü »Sonderprogramme« anklicken, dann »Löschen von Dateien«, man erhält ein Textfeld, in dem »*all« stehen muss, das Löschen bestätigt man dann mit »ok«).

5.1.3.1. DATENEINTRAG

Dann legt man unter dem Menü »Stammdaten« die relevanten Daten fest. Im Menü »Allgemeine Stammdaten« ist das Untermenü »Parameter« zu finden. Hier bestimmt man Maßeinheiten (unter E1), seine Epoche und den Modellzeitfaktor (»Zeitproportion« unter E2). Empfohlen wird, die Demodaten zu löschen, bevor man daran geht, eigene Daten einzutragen. Im Hauptmenü »Stammdaten« füllt man nun die Maskenvorlagen aus. Zunächst legt man die Bahnstrecken an und widmet sich dann den Bahngesellschaften und Waggons. Übrigens eignet sich das Programm auch dafür, sich ein Archiv der Modellwaggon-Sammlung anzulegen, als zusätzliche Option bietet sich die Möglichkeit, die Sammlung mit den entsprechenden Bildern zu hinterlegen.

Als letzten und nicht minder wichtigen Arbeitsschritt erstellt man eine Aufstellung, welche Züge auf welcher Strecke zu welcher Zeit fahren. Mit einem Klick auf den Button »Kalender« erhält man einen Fahrplan.
Damit kann die eigentliche Simulation beginnen: Man startet den Fracht Agent durch einen Klick im Hauptmenü auf den entsprechenden Button und klickt auf den Button »Modellzeituhr«, damit auch die Uhr startet. Die Modellzeit ist jederzeit anhaltbar, läuft aber auch bei ausgeschaltetem Computer weiter.
Dann ruft man mit »Kalender« den Zugfahrplan auf. Man kann sich nun in dem umfangreichen Fahrplan einen ganz bestimmten Zug auswählen und anklicken.
Dann öffnet sich ein Dialogfenster, mit dem man diesem Zug Wagen und zu erledigende Aufgaben zuordnen kann. Es öffnet sich ein weiteres Fenster »Güterzug zusam-

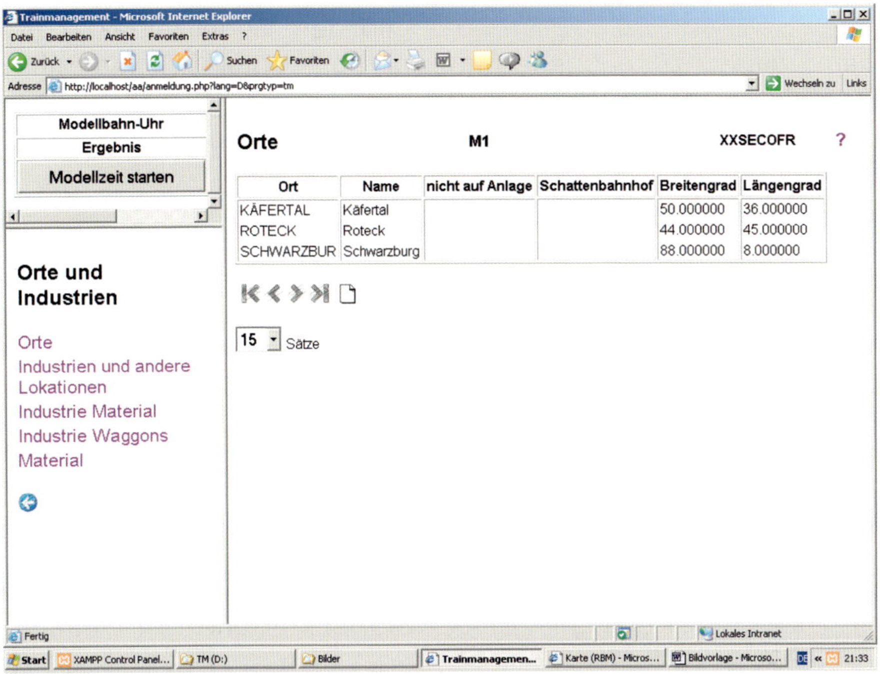

Die Maskenvorlage für Orte und Industrien auf der Anlage.

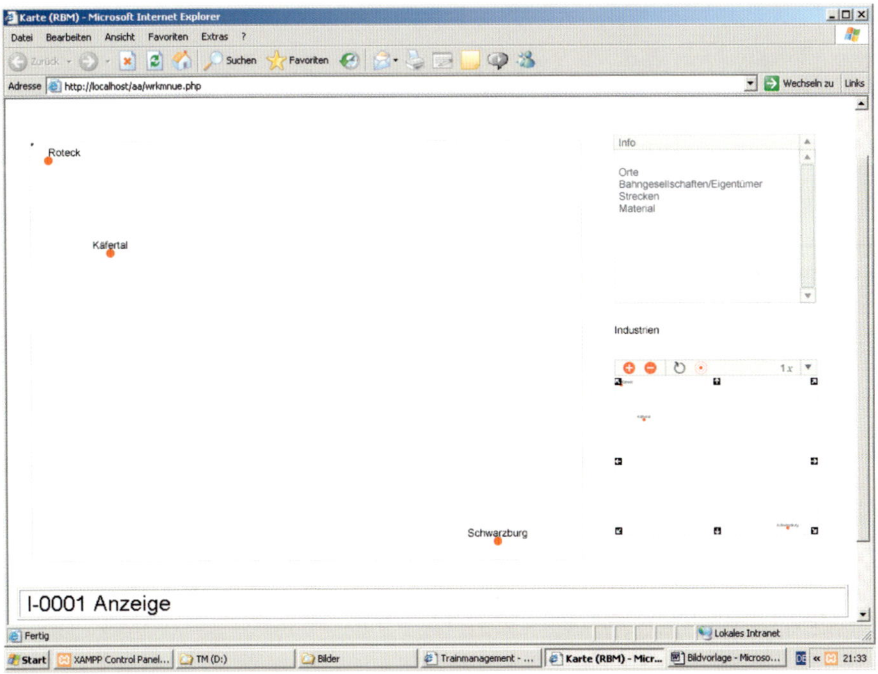

Nach Eingabe der – gedachten – Koordinaten der Bahnhöfe sieht die zugehörige Karten dann so aus.

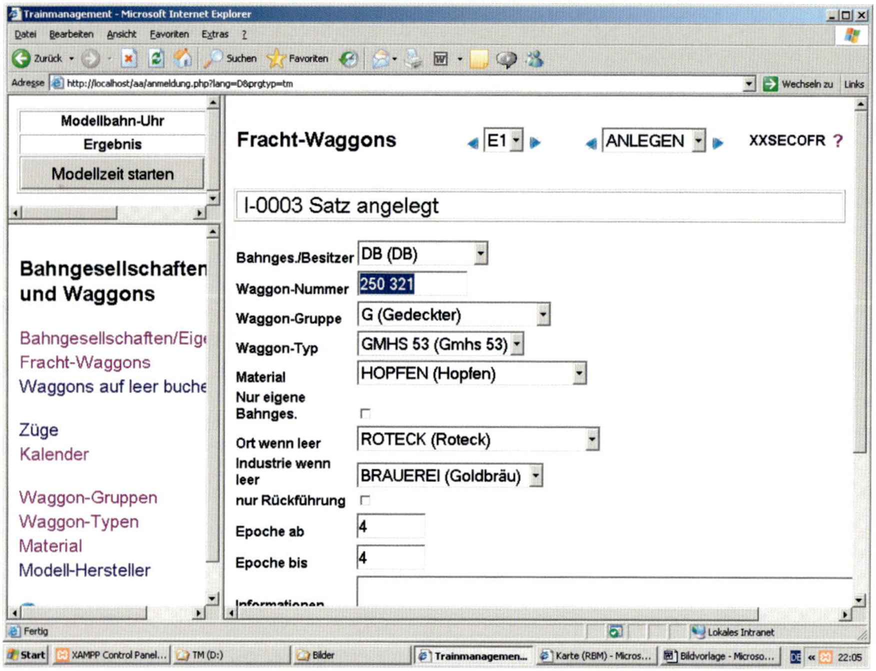

Hier werden soeben die Stammdaten für die Fracht-Waggons eingegeben. Man kann sich dabei an Vorbildverwendungszwecke halten, aber auch Phantasiebeladungen sind möglich. Warum nicht Juniors Gummibären?

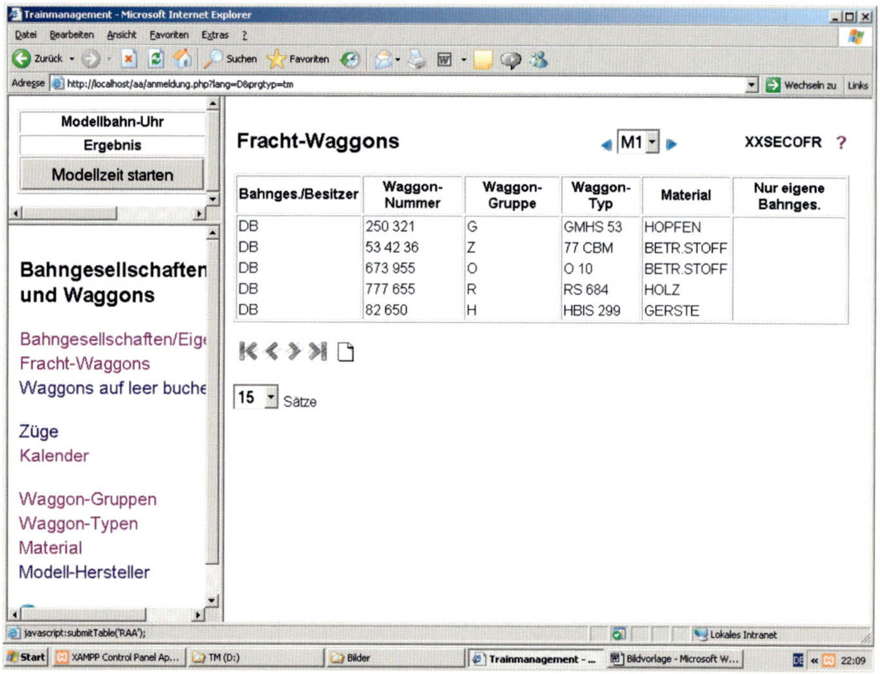

So sieht dann die komplette Wagenliste aus – wenn man nur fünf Wagen hat, ansonsten wird die Liste entsprechend länger.

menstellen« (vgl. Abb. S. 111), das dem Modellbahner seine Arbeit detailliert beschreibt, welcher Wagen (genaue Angabe mit Wagennummer) von welchem Ort zu welchem Bestimmungsort zu bringen ist.

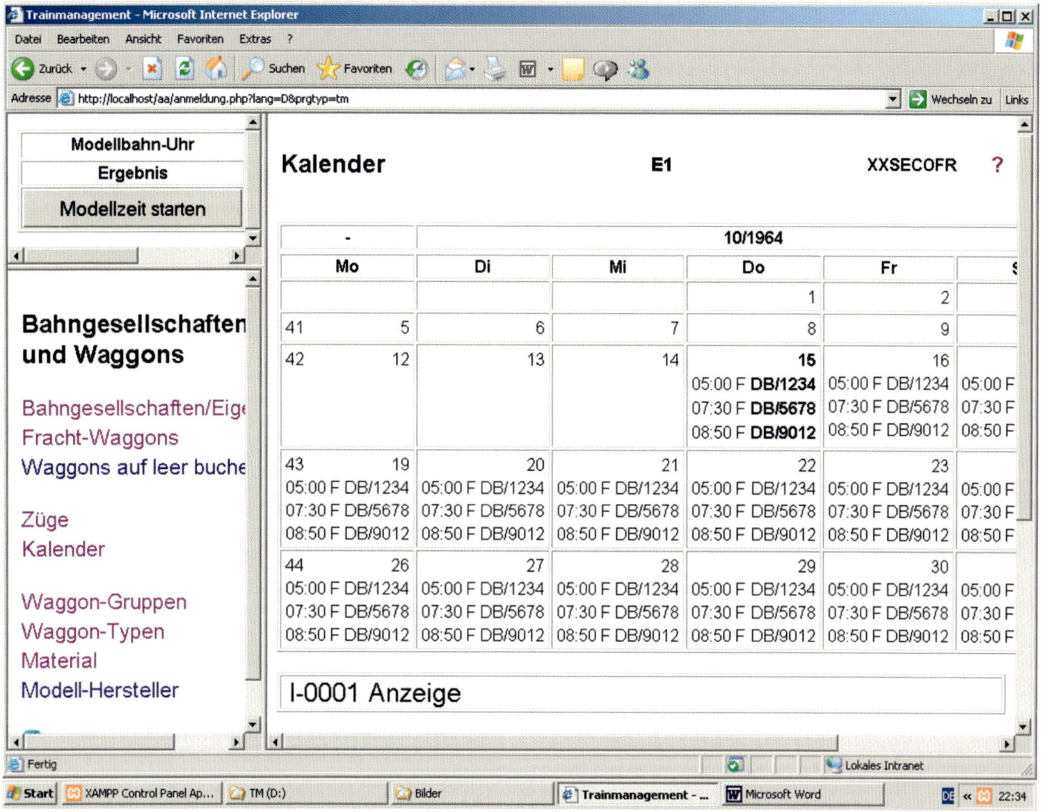

Hier ist der im Fließtext angesprochene Kalender mit allen Fahrten des betreffenden Bahnhofs zu sehen. Der Betrieb beginnt übrigens erst am 15.10.1964, deshalb steht unter dem 1.-14.10. kein Eintrag.

5.1.3.2. REALISTISCHES SPIEL

Das Programm gestattet den Druck eines Zugbegleitscheins, der alle Aufträge – so zu sagen für das Zugpersonal – auflistet und über die Druckfunktion des Computers einfach auszudrucken ist. Darüber hinaus gibt es noch die Option »lokale Rangieraufträge I/O«, die die zu rangierenden Wagen aller ein- und ausfahrenden Züge eines Bahnhofs auflistet. Man meldet die fertig rangierten Wagen durch Ankreuzen eines Auswahlfelds und klickt dann auf »ok«, womit die Wagen so zu sagen fertig rangiert worden sind. Genauso verfährt man mit der Option »lokale Rangieraufträge«, unter der nur diejenigen Wagen, die innerhalb ein und desselben Orts rangiert werden, aufgelistet sind.

Mit dem Spielpartner Computer wird das Modellbahnspiel noch mal so spannend. Zahlreiche Aufgaben stehen zur Verfügung, die umfangreiches Rangieren notwendig machen.

Ist ein Zug am Ziel angekommen, kann man unter der Option »Güterzug-Übersicht (Abschluss + Archiv)« den eingetroffenen Zug auf Vollständigkeit prüfen und feststellen, ob alle Aufträge abgearbeitet worden sind. Dann kennzeichnet man den Zug als erledigt durch Anklicken eines Auswahlfelds und bestätigt diese Aktion mit »ok«.

5.1.3.3. AUSBLICK

Prinzipiell ist ein solches Spiel ohne Altersbeschränkung anwendbar, sofern man etwas Erfahrung mit einem PC besitzt. Im Gegensatz zu Killerspielen macht es nicht aggressiv und verhilft dem Nachwuchs, die Aufgaben der Bahn kennen zu lernen.

Worin liegt der Unterschied zu den Waggon-Karten-Auftragssystemen, wie sie z. B. FREMO favorisiert, oder darauf basierender Software? Nun, Living Layout dreht den Spieß so zu sagen um. Bei diesem Programm bestimmen die Industrien den Frachtverkehr anstatt die Waggons. Damit kommt das Programm der Realität natürlich näher.

Hinzu kommt, dass jeder Waggon eine im Prinzip unbegrenzte Anzahl verschiedener Aufträge bekommen kann, da ja nicht der Modellbahner, sondern die auf der Anlage angesiedelten Industrien Waggons anfordern.
Nicht zu unterschätzen ist auch die Möglichkeit, den Güterverkehrsbe-

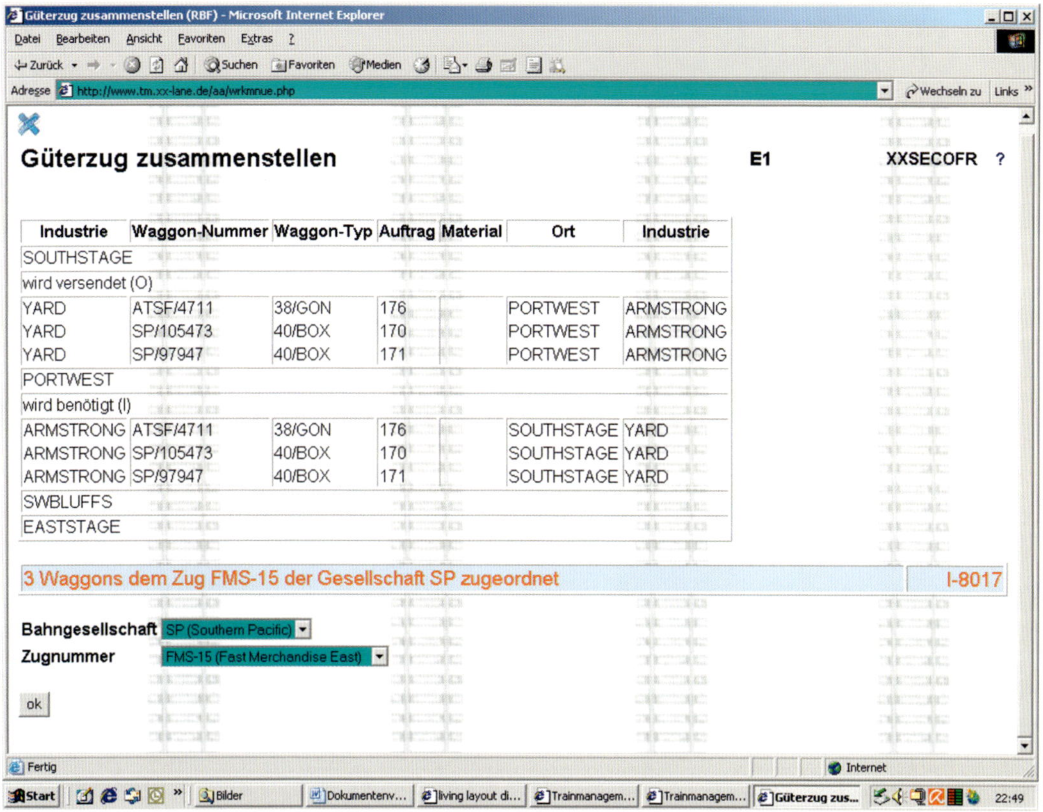

Ein Aufgabenzettel des Computers an den Anwender und Betriebsmodellbahner mit der Aufforderung, einen Zug aus den angegebenen Wagen zusammenzustellen

trieb auf einer erst in der Planungsphase begriffenen Anlage zu simulieren und erst danach den Bau zu beginnen. So entsteht eine Anlage mit maximalem Frachtaufkommen. Die Software dient in diesem Fall als Planungsinstrument, mit der auch die Länge und Anzahl der für einen zufrieden stellenden Betrieb erforderlichen Gleisanschlüsse festgelegt werden können.

Registrierte Nutzer von Living Layout erhalten übrigens kostenlos Updates für den TrainManagement Fracht-Agent und können das Forum zum Austausch mit anderen Anwendern nutzen. Außerdem können sie per E-Mail direkte Hilfe von den Software-Entwicklern bekommen (Adresse: se@living-layout.com).

6. STEUERUNG

Damit gelangen wir auf dem virtuellen Trip in die Modellbahn-Computerwelt so zu sagen in die Königsklasse der PC-Anwendung für Modellbahnzwecke: der Steuerung. Als Beispiel haben wir uns unter einer Vielzahl von Programmen für die Software »Rocomotion« aus dem Haus Roco entschieden. Es ist aber gänzlich unmöglich unter der Zielsetzung des Buchs – nämlich eine Einführung in die Anwendung von Computern und entsprechender Software im Modellbahn-Hobby – auf den zur Verfügung stehenden Seiten dem Programm gerecht zu werden, zu vielseitig ist diese Software und ihre zahlreichen Einsatzwege.
Ziel soll es stattdessen sein, gemeinsam die ersten Schritte in das Programm zu unternehmen und dabei auf die prinzipiellen Anwendungsmöglichkeiten hinzuweisen, die in einem solchen System stecken.

Der Vollständigkeit halber sei auch die digital betriebene Modellbahn in diesem Buch erwähnt, denn auch dabei handelt es sich um eine computergesteuerte Bahn. Details möchte ich mir an dieser Stelle aber sparen, weil das Thema Digitalbahn Gegenstand einer eigenen Transpress-Publikation (Die Modellbahn-Werkstatt Bd. 6, Digitalisierung von Modellbahnen, Stuttgart 2002) ist. Dort finden sich auch Hinweise auf spezielle Software für die Digitalbahn wie das Programm P.F.u.Sch. (von STP, Adresse siehe Anhang), WiniPro (von Viessmann, siehe Anhang) oder der TrainProgrammer von Freiwald (siehe Anhang), mit denen z. B. Decoder eingestellt werden können.

6.1. ANNÄHERUNG

Rocomotion ist ein Computerprogramm, das die Steuerung der Modellbahn von einem PC aus gestattet. Es basiert auf dem seit längerem bekannten Steuerungsprogramm Railroad & Co. TrainController. Es ist nun aber speziell auf die Ansprüche des Roco-Digitalsystems hin zugeschnitten und verfeinert worden. Die Systemvoraussetzungen sind Betriebssystem Windows 95,98, ME, XP, 2000 oder NT.
Grundvoraussetzung für den Einsatz von Rocomotion ist – der Einfachheit halber – das Roco-Digitalsystem, bestehend aus Verstärker (Art. 10761 oder 10764), Lokmaus (10760/10790 oder 10792) und Transformator (z. B. Roco-Art. 10718 oder 10725).
Rocomotion besteht aus einer Software-CD, einem Hardware-Interface (also dem Verbindungsglied zwischen Modellbahn und PC) und verschiedenen Kabeln (zum Anschluss siehe weiter unten). Mitgeliefert bekommt man auch ein Handbuch im pdf-Format, das man am Bildschirm lesen kann oder sich ausdruckt (sind aber 106 Seiten). Das Handbuch hilft dem Anwender in vielerlei Fragen weiter.

Im Bild die Digitalkomponenten von Roco: Ein Transformator, die rote Lokmaus (hier die Version 2), ein Digitalverstärker nebst Anschlussgleis und natürlich eine digitalisierte Lok (die ist von Trix).

Der Lieferumfang des Rocomotion-Sets von Roco: das Interface nebst zugehörigen Kabeln und eine CD-ROM.

6.1.1. INSTALLATION UND ERSTE BEDIENUNGSSCHRITTE

Die Installation verläuft in konventionellem Rahmen (CD einlegen, startet automatisch – wenn nicht, dann im Explorer die Datei start.htm aufrufen, dann Rocomotion-Installations-Link anklicken, Anweisungen auf dem Bildschirm befolgen) und stellt den Anwender vor keine Probleme, wenn er sich an die Bedienungsanleitung hält.
Insgesamt werden von der CD drei Programme installiert, neben Rocomotion auch der TrainProgrammer (erlaubt das Einstellen von Decodern, und das auch, wenn sie nicht von Roco stammen) und der TrainAnimator (mit diesem Programm kann man Bilder von Lokomotiven und Zügen für die Anzeige unter Rocomotion vorbereiten; Rocomotion kann dann diese Bilder laden, um am PC-Bildschirm die Position der betreffenden Loks und Züge anzuzeigen).

Da das Programm eine grafische Oberfläche (mit »natürlichen« Objekten wie Signalen oder Loks) besitzt, ist die Bedienung einfach. Dabei werden Weichen und Signale

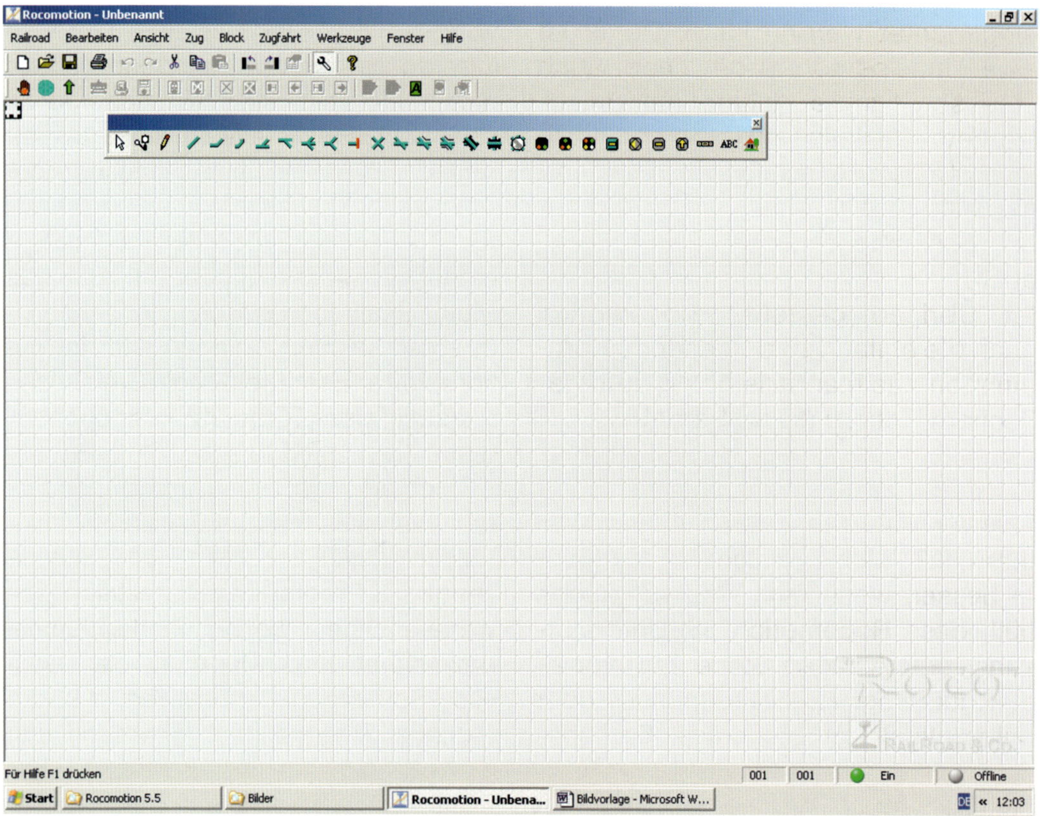

Die grafische Oberfläche von Rocomotion. Zu erkennen ist das quasi aus einzelnen »Bausteinen« zusammengesetzte Stellwerk.

sowie alles weitere Zubehör über ein Gleisbildstellwerk durch einen Mausklick auf das entsprechende Symbol (und nicht etwa auf abstrakte Zahlencodes) gesteuert. Ein solches Stellpult wird passend zur eigenen Anlage erstellt und auf dem PC-Bildschirm dann angezeigt. Züge und Lokomotiven sind über ebenfalls auf dem Bildschirm angezeigte »Lokführerstände« zu steuern.

Der Vorteil dieser Steuerung liegt darin, dass die bislang vom Modellbahner verwendeten Fahrregler im Prinzip weiterhin verwendet werden können. Die hohe Schule ist dann die Automatisierungsfunktion, die schließlich eingerichtet werden kann. Damit ist eine Einzelperson in der Lage, auch eine sehr große Anlage mit gigantischem Verkehrsaufkommen allein und komfortabel zu steuern. Genauso machen es ja die Betreiber der großen bekannten Modellbahnschauen auch.

Im Übrigen gestattet Rocomotion auch die einfach zu bedienende Kombination aus manuellem und automatischem Betrieb (Mischbetrieb).

6.1.2. KONZEPTION

Was ist das Ziel eines solchen Programms? Man versteht die Abläufe besser, wenn man sich vor Augen hält, dass Rocomotion als Unterstützung der Anlagen-Steuerung konzipiert ist. Über spezielle, manuell oder automatisch zu steuernde Bedienelemente erhalten Lokomotiven, Züge, Weichen (auch Weichenstraßen) und Signale usw. ihre Befehle. Schließlich kann Mann/Frau sagen wir einmal maximal drei Züge (und dem Stellwerk) einigermaßen sicher überwachen und unfallfrei über die Strecke bringen, ohne dass aus dem erholsamen Spiel unzumutbarer Stress wird. Um den Stress bei hoher Verkehrsdichte zu verhindern, greift man entweder zum »Gehilfen« in Form von Partner, Freunden, Kollegen oder Kindern (der Gehilfe sollte aber die Bedienung der Bahn beherrschen) – oder aber man setzt den »Adlatus« Computer ein (dann ist von der Bedienungsbeherrschung der Bahn auszugehen).

Generell legt das System alle Daten, die es zur Bedienung der Anlage benötigt in einer und nur einer Datei an (der so genannten Anlagendatei). In dieser ist dann alles Notwendige zu finden. Das ist von Vorteil, wenn man mehrere Anlagen besitzt, die man per PC steuern möchte. Dann legt man für jede einzelne Anlage eine und nur eine Anlagendatei an, indem man das Menü »Railroad« öffnet.

In einer solchen Anlagendatei ist die komplette Beschreibung (Gleisbilder, Weichenfelder, Züge etc.) der zugehörigen Anlage abgelegt. Die Betriebssitzung beendet man durch Schließen der betreffenden Anlagendatei (oder des Programms). Beim Schließen erzeugt das Programm automatisch eine weitere Datei, die als Zustandsdatei bezeichnet wird. Darin ist der aktuelle »Spielstand« aufbewahrt, d.h. der aktuelle Zustand der Weichen- und Signalstellungen, die Positionen der Züge und Lokomotiven. Beim nächsten Programmstart wird dann diese Zustandsdatei geladen.

6.1.3. STEUERUNGS-FENSTER

Wie werden die einzelnen Objekte angesprochen? Das geschieht über »Fenster«, wie sie ja von anderen Windows-Programmen her üblich und bekannt sind. Ein solches Fenster ist im Prinzip Teil einer Datei, ohne selbst Datei zu sein. Steuert man mehrere Züge, so öffnet man für jeden Zug ein eigenes Führerstandsfenster. Man erzeugt ein solches Fenster über das Menü »Fenster«.

Das Hauptfenster von Rocomotion zeigt ein Gleisbildstellpult, an das weitere Fenster so zu sagen angedockt werden können.

Um Änderungen an den Daten der Anlagendatei einzugeben (etwa nach Umbauten), schaltet man den so genannten Editiermodus ein. Dann sind die Neueingabe, die Änderung und das Löschen von Daten möglich. Währenddessen ist kein automatischer Betrieb möglich, danach muss man den Editiermodus wieder ausschalten. Mit dieser Sicherungseinrichtung wird verhindert, dass während des laufenden Betriebs unbeabsichtigte Änderungen für Wirrnis sorgen.

6.1.4. ERSTE SCHRITTE

Nachdem die Digitaleinrichtung aufgebaut worden ist bzw. besteht (Lokmaus muss als Master arbeiten, Verstärker ist mit Trafo verbunden), wird das beiliegende Kabel mit den Westernsteckern in den Eingang »Slave« des Verstärkers gesteckt und dann in das Hardware-Interface über den Steckplatz »Bus in« eingestöpselt.

Das beiliegende so genannte RS232-

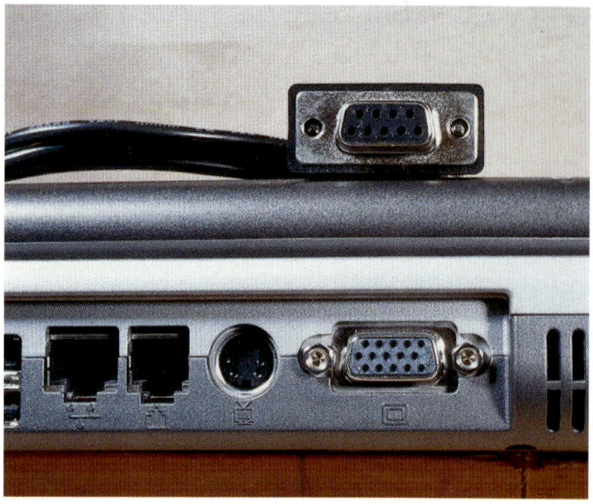

Hier liegt ein RS232-Stecker oberhalb der passenden Buchse eines Notebooks. Der Einsatz dieses Stecksystems bei Rocomotion ist aus Gründen der elektromagnetischen Verträglichkeit notwendig.

Kabel (aus Gründen der elektromagnetischen Verträglichkeit unbedingt notwendig) wird dann in das Interface am Steckplatz »PC« gesteckt und dann in die RS232-Schnittstelle des PC. Sollte der verwendete Computer über keine solche Schnittstelle verfügen, sondern über einen USB-Port, dann kann man sich im Elektronikhandel einen USB-Seriell-Konverter kaufen. Das ist eine Kupplung, die eine Verbindung zwischen RS232 und USB zulässt. Beim Einsatz muss man sich jedoch unbedingt an die Installationsvorschrift des Konverterherstellers halten, da ansonsten der Treiber (hierzu siehe die Bemerkungen im Kap. 2 bzw. siehe Glossar) Probleme verursachen könnte.

Das Hardware-Interface ist nun mit dem PC verbunden und tauscht über die Schnittstelle mit dem Rechner Daten aus. Wenn alles ordnungsgemäß funktioniert, leuchtet am Interface eine

grüne LED. Sie zeigt den Datenverkehr zwischen Interface und PC über die Schnittstelle an. Blinkt die grüne LED zusammen mit der roten LED, so verweist das darauf, dass keine Mastermaus angeschlossen worden ist – das dann bitte unbedingt nachholen!
Die rote LED leuchtet ordnungsgemäß, wenn keine Verbindung zum PC besteht (Kabelverbindung und Stecker prüfen!) und während des Programmiervorgangs, also wenn ein Decoder eingestellt wird.

6.2. PRINZIPIELLER AUFBAU

Wie baut man die Steuerung nun auf? Zunächst werden Gleisbildstellwerke für die zur Steuerung ausgewählten Bereiche der Anlage erzeugt. Dann gibt man Daten der zum Einsatz vorgesehen Züge und Lokomotiven ein. Und abschließend lassen sich noch automatische Zugfahrten festlegen.
Für den Einsatz von Rocomotion sind, wie oben bereits erwähnt, nicht alle diese Arbeitsschritte notwendig. Man kann auch nur ein Gleisbildstellpult einrichten oder nur die Lokführerstände allein zur Steuerung der Züge nutzen – damit will sich dieses Buch bescheiden, für den Anfänger reicht das nämlich allemal aus.

6.2.1. DAS GLEISBILDSTELLWERK

In der Regel beginnt man mit der Erzeugung des Gleisbildstellpults, mit dem vorbildgetreu die Weichen, Signale, Fahrwege und weiteres Zubehör geschaltet werden können. Ebenfalls wie beim Vorbild baut man das Stell-

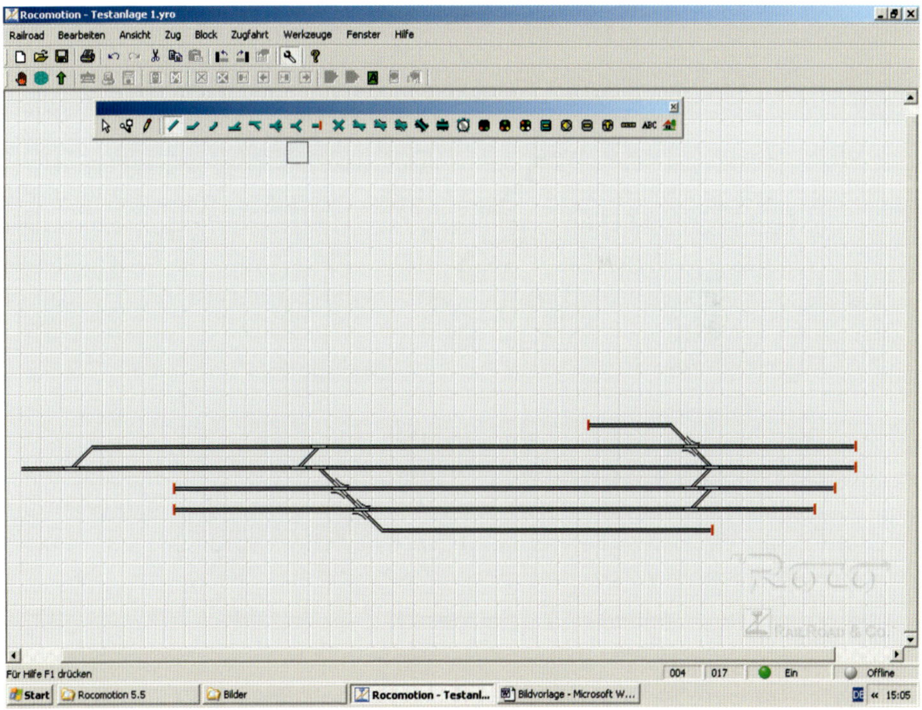

Das Stellwerk mit der aufgebauten Gleisanlage. Unterhalb der Menüleiste ist die Werkzeugleiste zu sehen, darunter liegen die Schienensymbole.

pult aus einzelnen Symbolelementen (Schiene, Weiche, Kreuzung, Signal und Schalter) auf.
Nach dem Laden von Rocomotion erscheint ein Stellwerksfenster. Nachdem man sich vergewissert hat, dass die Editierfunktion eingeschaltet ist (Menü »Ansicht« Option »Editiermodus« auswählen), kann man das Gleisbild aufbauen. Die auf der Werkzeugliste sichtbaren Schienensymbole werden angeklickt und mit dem Mauszeiger (der im Editiermodus die Form eines Schraubenschlüssels annimmt, damit man immer sieht, in welchem Modus man sich befindet) im Stellwerksfenster platziert, so dass sich ein möglichst genaues Abbild der heimischen Anlage ergibt.
Das geht recht schnell vonstatten. Sollte einmal ein Gleisanschluss nicht passen, weil das Gleissymbol z. B. eines gebogenen Gleisstücks vom geraden Stamm einer Weiche wegzeigt, so kann man mit einem der beiden icons »Drehen nach links« und »Drehen nach rechts« das gewünschte Objekt anpassen.
Manipuliert werden kann immer nur das Objekt, das durch einen Klick markiert worden ist, es erscheint dann von einem Raster umgeben. Man löscht

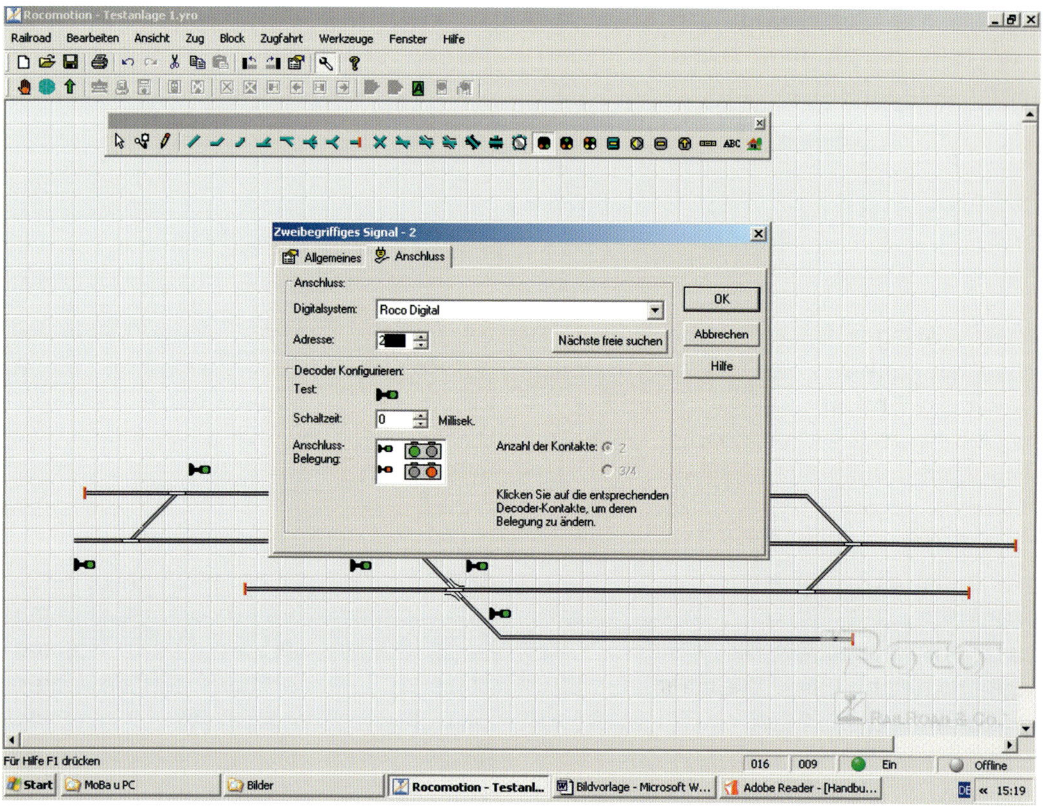

Die Registerkarte zum Eintragen der Adressen und weiterer für die Digitalfunktion wichtiger Daten. Hier werden gerade Daten für die Beschaltung eines Signals aufgenommen.

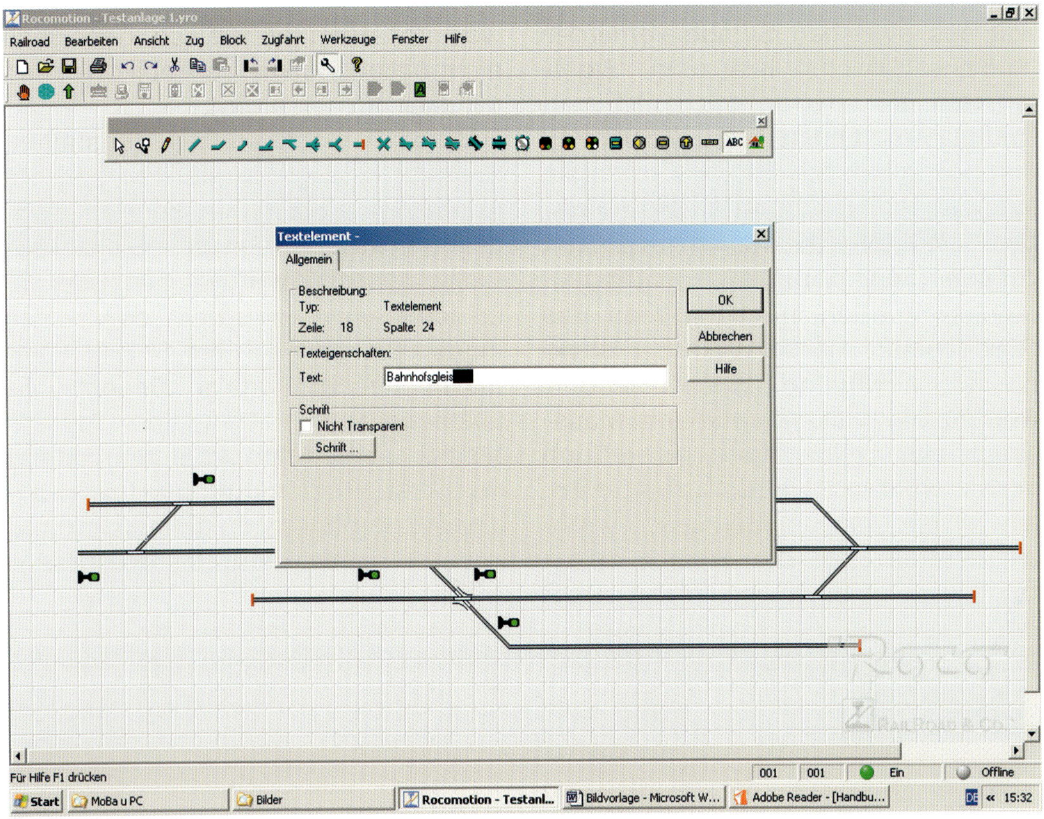

Hier wurde ein Textfeld realisiert, das das Bahnhofsgleis auf dem Stellwerkstisch visualisieren soll.

falsch ausgewählte Symbole, indem man sie anklickt (also markiert) und dann die Entfernen-Taste drückt. Übrigens sollte man großzügig zeichnen, denn wenn man die Gleise in zu geringem Parallelabstand aneinander legt, hat man hinterher keinen Platz mehr zur Positionierung der Signale.

Nachdem das Gleisbild fertig gestellt worden ist, werden die Weichensymbole mit den realen Weichen der Modellbahn verschaltet. Das geschieht durch Eintragen der digitalen Adressen. Nach dem Markieren der betreffenden Weiche öffnet sich eine Registerkarte mit Textfeldern, in die die gewünschten Daten eingetragen werden. Unter der Registerkarte »Allgemeines« ist neben dem Typ (»Linksweiche«) auch die Position der betreffenden Weiche im Koordinatensystem des Gleisbildstellpults (»Zeile 17, Spalte 19«) zu finden. Zusätzlich kann man der Weiche noch einen Namen geben, etwa »Weiche 2«. Für Weichen mit mehr als zwei Lagen (z. B. Dreiwegweichen, Kreuzungsweichen etc.) werden zwei digitale Adressen angelegt, Rocomotion verwendet dabei selbsttätig die eingegebenen und die nächst höhere Adresse.)

Unter der Registerkarte »Anschluss« ist das verwendete Digitalsystem

»Roco Digital« zu sehen, darunter befindet sich die Adresse des Magnetartikels (»7«). Sollte diese Adresse schon vergeben sein, so kann man durch Drücken des Buttons »nächste freie suchen« Rocomotion die Aufgabe übertragen, nach einer noch nicht verwendeten Adresse zu fahnden. Zusätzlich ist es noch möglich, die Schaltzeit in Millisekunden und die Anschlussbelegung (Geradeausfahrt wird im Stellpult mit grün angezeigt) einzustellen. Nun kann es jedoch passieren, dass – je nach ausgeführter Verdrahtung im Stellwerk – nicht die richtige Lage der Weiche angezeigt wird. In einem solchen Fall ist über die Registerkarte die notwendige Änderung per Mausklick rasch eingestellt.

Danach fügt man nach demselben System die Signale ein und gibt die Adressen an. Signale können übrigens auf oder neben den Gleissträngen angeordnet werden, dasselbe gilt für Schalter.

Zusätzlich gibt es die Möglichkeit, Textfelder einzufügen. Sie ermöglichen die Beschriftung von Gleisen. Hierfür wählt man unter dem Menü »Werkzeug« die Option »Text« aus und schon öffnet sich eine Dialogbox, in deren Textfeld man die gewünschte Bezeichnung eintragen kann.

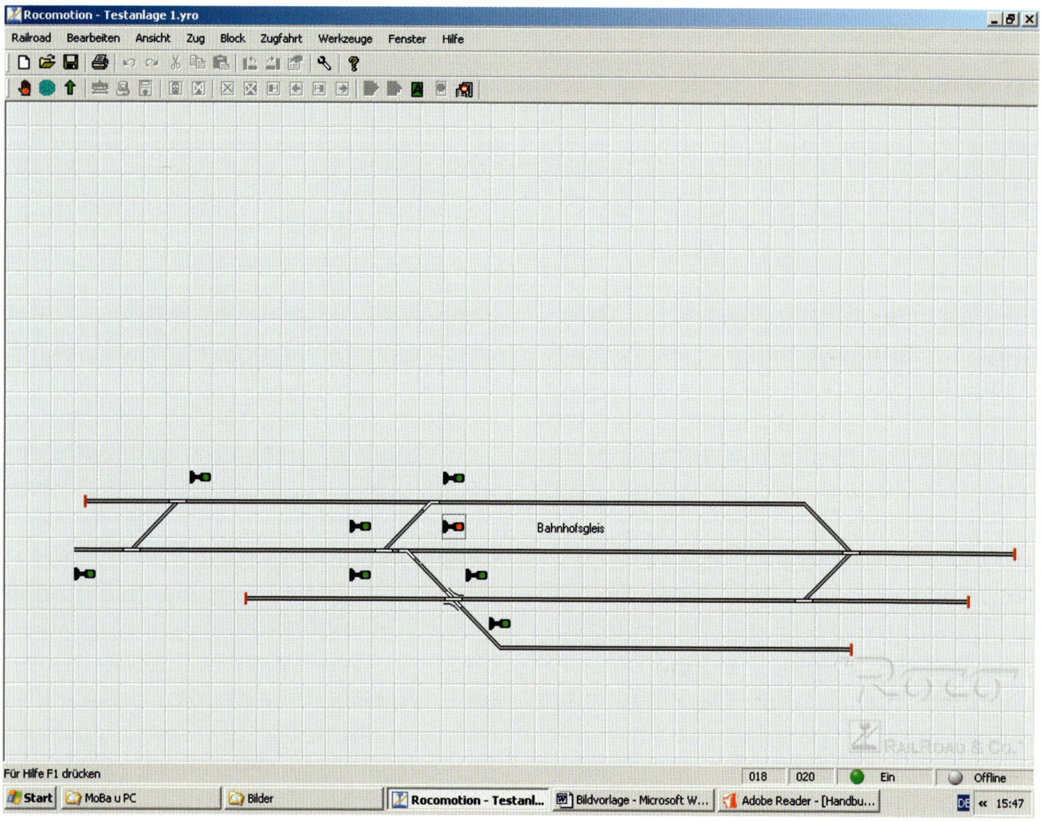

Das Textfeld in eingegliederter Form.

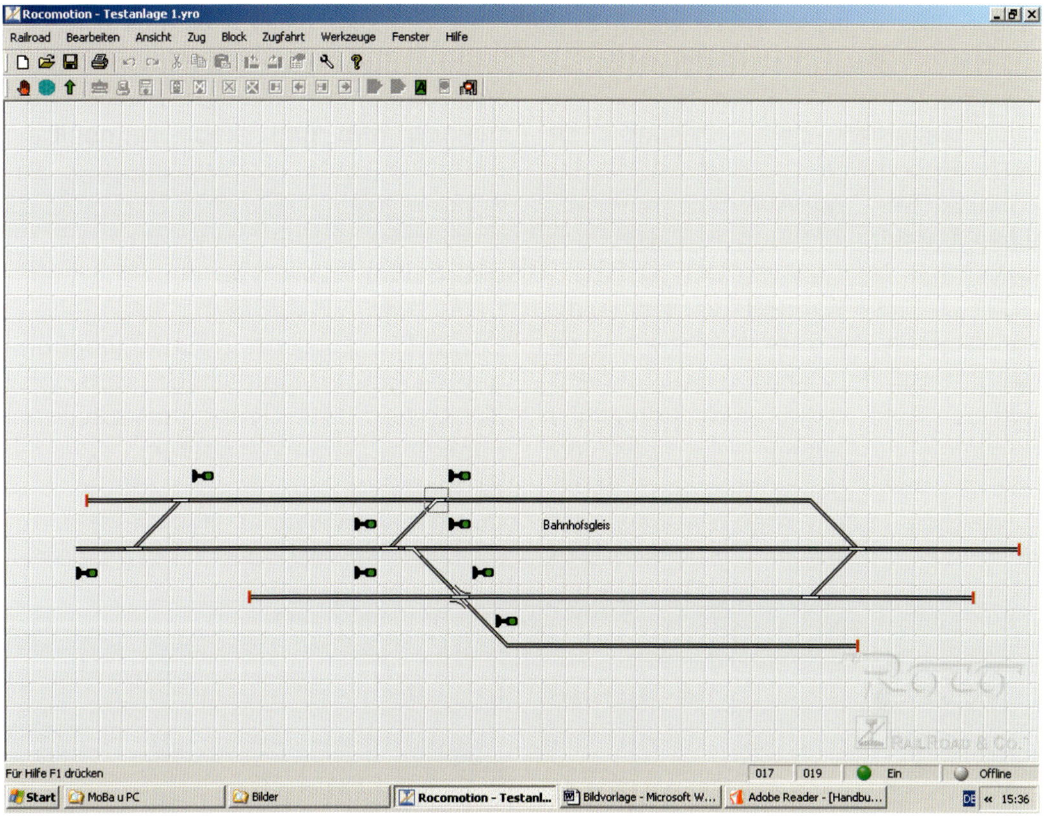

Mit der Maus wird auf die gewünschte zu verstellende Weiche geklickt, die Weiche und das zugehörige Weichensymbol springen um.

Um das Gleisbildstellpult zur Steuerung zu benutzen, muss der Editiermodus (im Menü »Ansicht« die Option »Editiermodus« durch Entfernen des Häkchens per Mausklick beenden) abgeschaltet werden. Nun kann man durch einfachen Einsatz der Maus die Weichen und Signale schalten.

6.2.2. LOKFÜHRERSTÄNDE

Wie bereits erwähnt, werden unter Rocomotion Lokomotiven und Züge über Lokführerstände gesteuert, die als Fenster im Bildschirm geöffnet werden können. Im Prinzip sind beliebig viele Führerstände zu öffnen und damit ebenso viele Loks und Züge ansprechbar.

In jedem einzelnen Führerstand ist die/der zu steuerende Lok/Zug individuell auswähl-, steuer- und – über die authentischen Kontrollinstrumente – überwachbar. Um eine Lok anzusprechen, muss man ihre Digitaladresse eintragen, danach ist sie per PC steuerbar.

6.2.3. BILDANIMATION

Mit dem TrainAnimator, der, wie erwähnt, dem Programm beiliegt und mitinstalliert worden ist, können Lokbilder zur Anzeige in Rocomotion vorbereitet werden. Die Bilddateien müssen in einem bestimmten Format gespeichert und auf ein bestimmtes Maß skaliert worden sein, damit sie unter Rocomotion verwendet werden können. Der TrainAnimator sorgt für diese Vereinheitlichung in Größe und Format.

Überraschend einfach werden Bilder zur Verwendung unter Rocomotion erzeugt: Nach dem Starten des TrainAnimators ist ein dreigeteilter Bildschirm zu sehen. Im Fenster links oben wird im Explorer ein geeignetes, auch selbst gemachtes und eingescanntes Bild ausgewählt. (Sehr gut eignen sich z. B. Darstellungen aus Bildschirmschonern, da dort die Maschinen von der Seite aufgenommen worden sind.) Das ausgewählte Bild erscheint im Train Animator dann in dem darunter liegenden zweiten Fenster. Dort wird es entweder doppelt angeklickt oder mit gedrückter Maustaste in den Arbeitsbereich im Fenster rechts gezogen.

Das Bild wird dann in fünf Zuständen (neben dem Originalbild noch zwei Scans und zwei Symboldarstellungen) angezeigt. Im Arbeitsbereich sind die Bilder nun bearbeitbar, der Maßstab ist durch Schieberegler regulierbar. Übrigens sollten die Loks auf der Darstel-

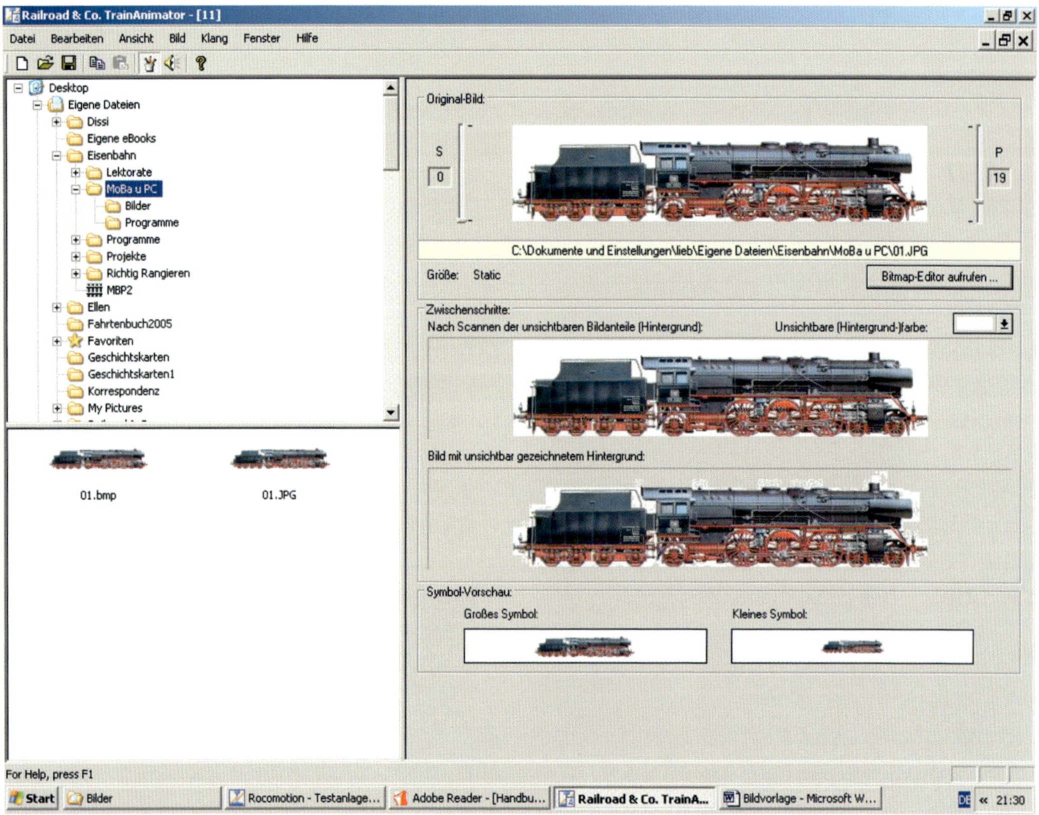

Die Arbeitsfläche des TrainAnimators, rechts kommt die Bearbeitungsfläche zu liegen. Oberhalb sind die Schieberegler zur Skalierung zu sehen.

lung immer mit der Front nach rechts zeigen. Das ist wichtig, um die Fahrtrichtung korrekt anzeigen zu können. Um eine Lok zu »wenden«, wählt man unter dem TrainAnimator das Menü »Bild« und dann die Option »horizontal spiegeln« aus. Das Ergebnis wird dann gespeichert.

6.2.4. FÜHRERSTANDS-FENSTER

Rocomotion bietet zur Steuerung einen Lokführerstand an, zum Steuern mehrerer Loks gibt es auch mehrere Führerstände. Auf dem Führerstand-Fenster ist oben auf der Titelleiste der Name des Zugs, der Lok etc. zu sehen. Dann folgt der Tachometer mit Kilometerzähler. Darunter liegt der Fahrregler in Form eines Schiebeschalters. Auf der unteren Leiste des Fensters können Lokfunktionen wie Licht ein-/ausschalten oder Fahrtrichtungswechsel per Mausklick aktiviert werden.

Um einfach nur fahren zu können, reicht es aus, eine Lok mit ihrer digitalen Adresse in Rocomotion einzutragen, ganz so, wie es vorhin mit den Weichenadressen geschehen ist. Dazu wechselt man nach dem Markieren des gewünschten Führerstandsfensters (also der Lok, die wir näher bestimmen

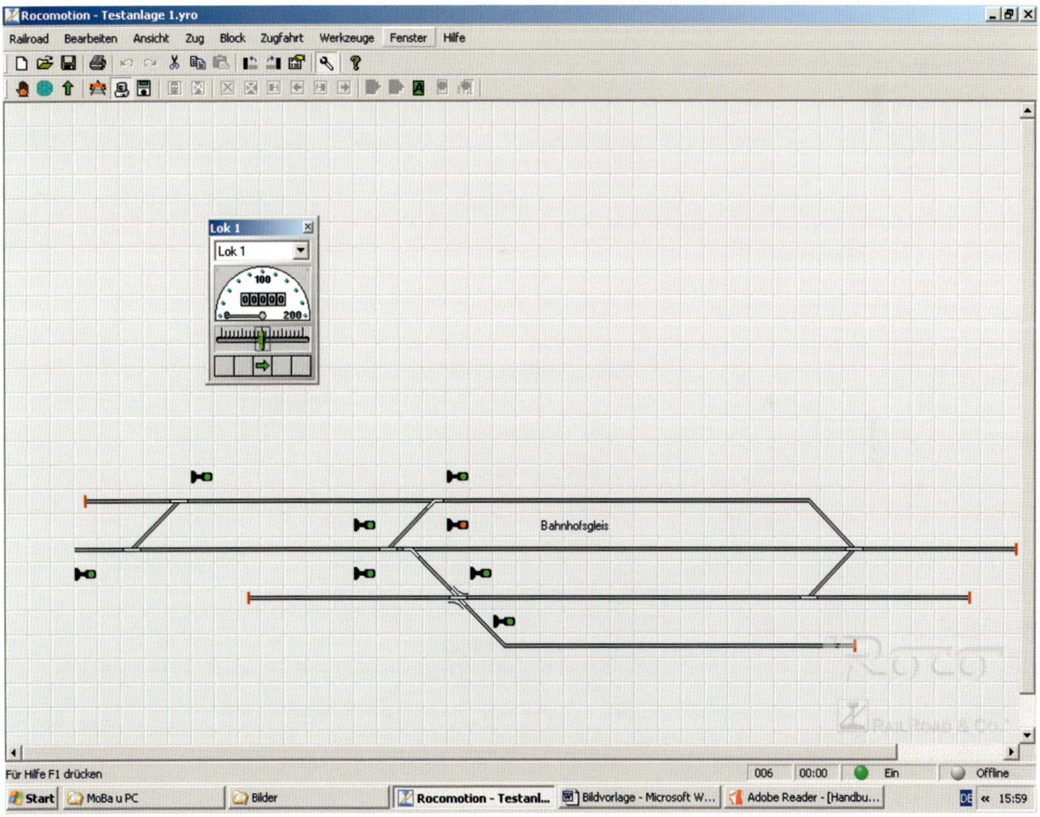

Ein Führerstandsfenster nach dem Öffnen unter dem Menü »Fenster«. Es legt sich auf das Stellwerk, kann aber mit der Maus jederzeit verschoben werden.

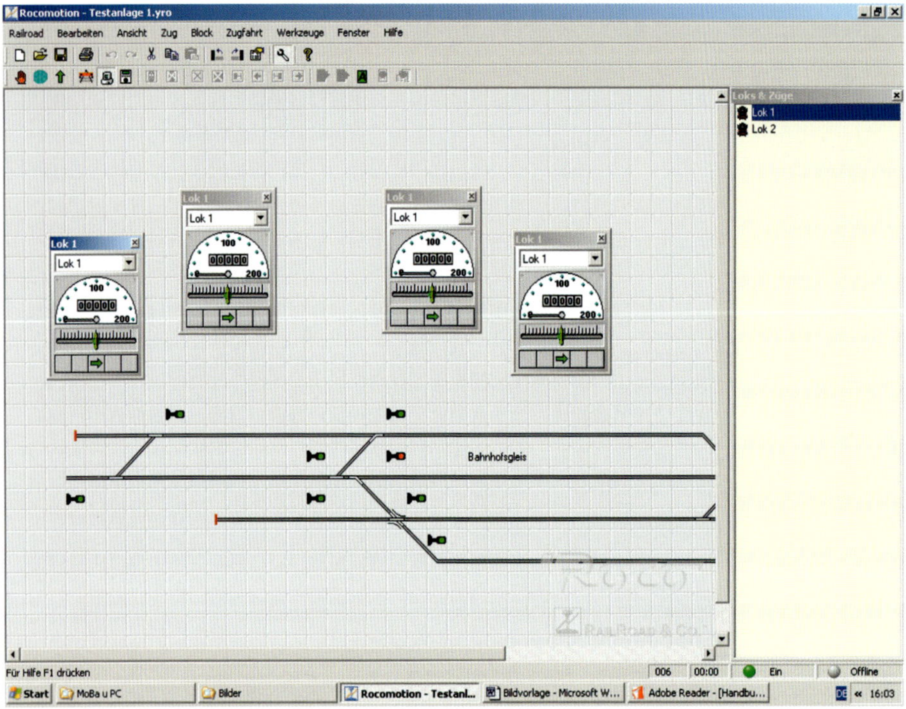

Zum Steuern der Loks sind beliebig viele Führerstände erzeugbar und auf den Stellwerkstisch zu legen.

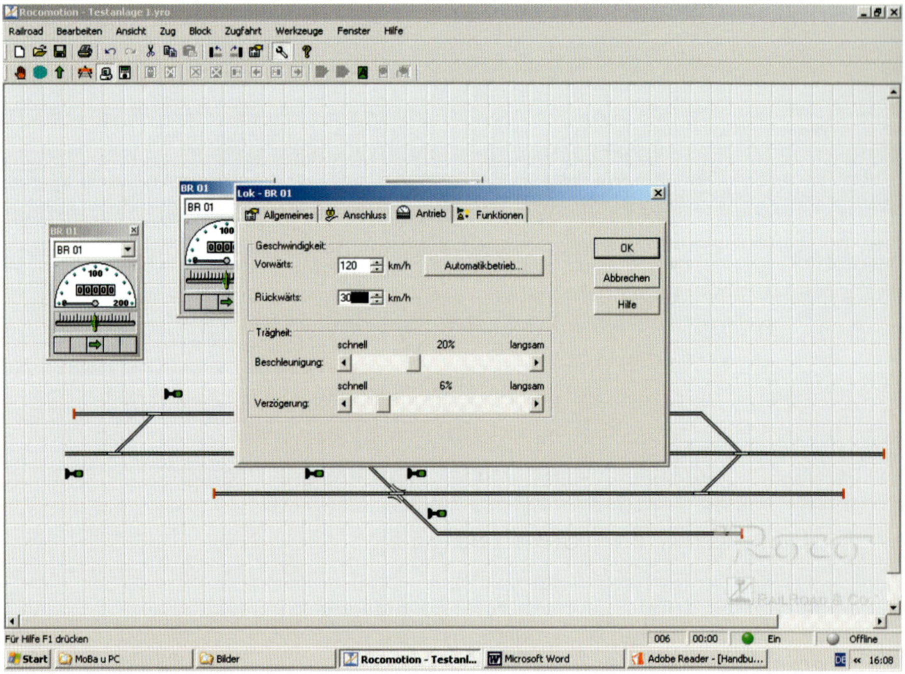

Wie bei den Weichen und Signalen werden auch bei den Digital-Loks Registerkarten angelegt, in die die entsprechenden Daten der zugehörigen Lokomotive einzutragen sind.

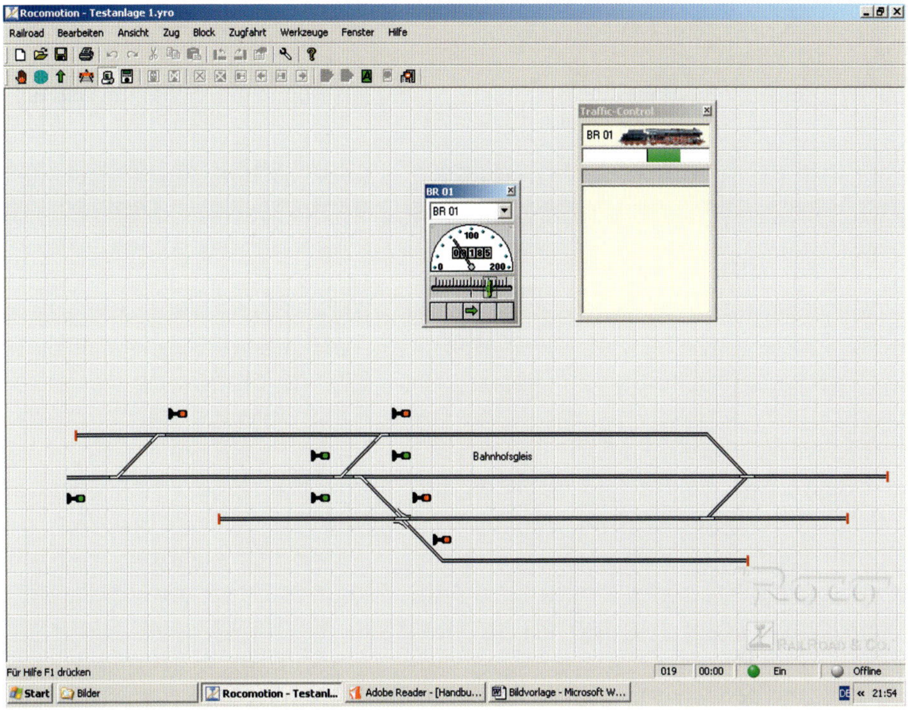

Hier wird die 01 gesteuert, links das zugehörige Führerstandsfenster mit der Tachonadel und dem Kilometerzähler. In der rechts davon sichtbaren, so genannten traffic-control-Box (»Verkehrskontrollschachtel«) ist anhand des grünen Balkens das gefahrene Tempo zu erkennen.

möchten) wieder in den Editiermodus und ruft unter dem Menü »Bearbeiten« die Option »Eigenschaften« auf. Dann öffnet sich wieder eine Registerkarte mit dem Namen »Lok«.
Auf der Registerkarte »Lok« finden sich vier Karten. Unter »Allgemeines« findet sich eine Darstellung der Maschine und ein leeres Textfeld, in das man die Bezeichnung eintragen kann. Unter »Anschluss« folgt die Adresse, unter »Antrieb« gibt man Vorbilddaten für Rückwärts- und Vorwärtsfahrt ein und stellt per Schiebeschalter die Trägheit ein. Und unter »Funktionen« kann man entsprechende Möglichkeiten einrichten, etwa Licht an/aus etc.

Hat man die Registerkarte eingerichtet, schaltet man unter Rocomotion den Editiermodus wieder aus. Und schon ist die Lokomotive über das Führerstandsfenster steuerbar. In der Zugliste (Menü »Fenster« Option »Zugliste«, dann dort Doppelklick auf die gewünschte Lok) ist jede Rocomotion bekannte Lok ansprechbar, um sie zu steuern oder ihre Daten zu bearbeiten.

Damit will ich schließen. Wie immer stellt das Gesagte nur einen winzigen Eindruck von den großen Möglichkeiten einer solchen Steuerung dar. Weitere Details würden den Rahmen des Buchs sprengen.

7. INTERNET

Hier und da in diesem Buch ist schon das Wort »Internet« angeklungen, es gehört wie selbstverständlich zum heutigen Wortschatz. Das Internet – man könnte es mit »vernetzte Computer« übersetzen – ist ein weltweiter Verbund untereinander vernetzter Computer. Es dient in erster Linie als Informationsquelle. Man kann sich in dieses Netz mittels Computer und Telefonleitung einwählen.

Dieser weltweite Verbund stellt Textseiten zur Verfügung, in die Grafiken, aber auch Töne bis hin zu ganzen Film- und Musiksequenzen eingebettet sind. Um sich so eine gesamte Seite – sie wird als *site* bezeichnet – anschauen zu können, nutzt man ein bestimmtes Programm, das als Web-Browser bezeichnet wird. Ein solches bekanntes Programm ist der Internet-Explorer, der auf Windows-Rechnern in der Regel mitinstalliert ist. Es gibt aber noch zahlreiche weitere Programme, um das Internet zu nutzen.

7.1. INFORMATIONSPLATTFORM

Auf einer Internetseite finden sich in besonderer Form (meist durch Farbe oder durch Unterstreichung) kenntlich gemachte Textstellen bzw. Symbole, die als hyper-links bezeichnet werden. Ihre Aufgabe ist es, den Besucher einer Seite auf andere, thematisch verwandte Seiten, die ihn vielleicht interessieren könnten, zu verweisen. Durch einfaches Anklicken dieser hyper-links gelangt man dann zu der empfohlenen Seite.

Dieses gesamte Geflecht an Informationen durch untereinander verbundene Computer wird als *world wide web*, als weltweites Netz, bezeichnet. Das revolutionäre daran ist, dass der Raum bei der Nutzung der Internettechnologie keine Rolle mehr spielt. Informiert man sich gerade noch über das Modellangebot des Händlers A in Hamburg, so kann man einen Mausklick später bereits beim Händler B in München sein. Oder man stöbert gerade noch beim Hersteller M. aus Göppingen herum, um schon wenige Sekunden später beim Hersteller F. in Nürnberg sein zu können.

7.1.1. INTERNETPRÄSENZ

Solche Unternehmen sind im Internet präsent, ihre Präsenz wird als Homepage (»Heimseite«) oder als Website (»Netzort«) bezeichnet. Zu jeder Homepage gehört eine und nur eine Adresse, die URL (*uniform resource locator*, einheitlicher Quellenanzeiger). Zu dieser Adresse gehört der immer gleiche Vorsatz »http://«, der bei der Adressangabe einer Homepage oftmals weggelassen wird. Zumeist, aber nicht immer, folgt dann das »www« für »world wide web«. Einem Punkt (*dot*) folgt dann die eigentliche individuelle Adresse, die so genannte *domain* (Gebiet, Bereich). Daran schließt sich ein Punkt an, dem eine als *top level domain* bezeichnete Ab-

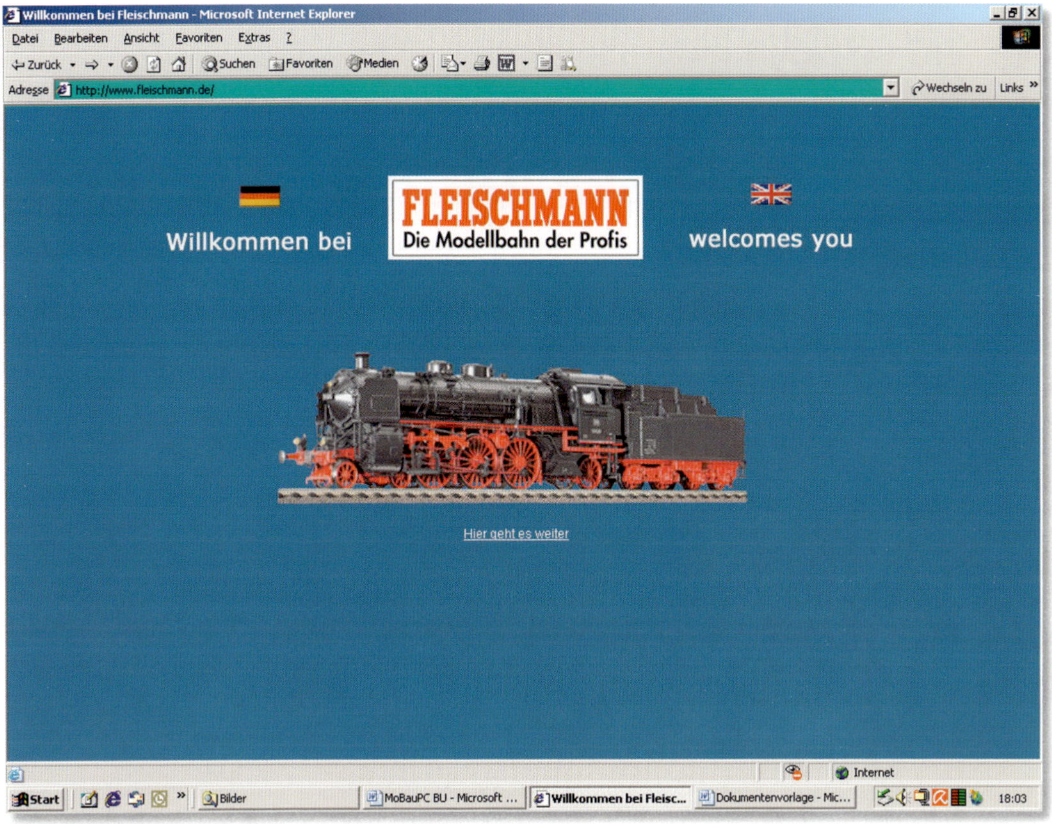

Die Homepage von Fleischmann mit der Möglichkeit, sich den Inhalt in Deutsch oder Englisch anzeigen zu lassen.

kürzung folgt. Diese Abkürzung beschreibt entweder ein Land (z. B. de für Deutschland, ch für Schweiz oder at für Österreich) oder definiert die Art des Internetangebots (z. B. *com* steht für ein kommerzielles Angebot) näher. Weitere, evt. noch folgende Adressbestandteile beziehen sich auf Unterverzeichnisse der gewünschten Homepage, müssen aber genau angegeben werden.

Um zu der gewünschten Homepage zu gelangen, gibt man die Adresse in das dafür vorgesehene Textfeld des Internetprogramms ein: www.fleischmann.de und betätigt die Eingabetaste.

7.1.2. HOHER NUTZEN

Welche Möglichkeiten bietet das Internet für den Modellbahner? In erster Linie ist es eine Informationsplattform, die Antworten auf alle möglichen Fragen zum Hobby bietet. Und täglich werden es mehr.

Betrachtet man sich mal ganz unbedarft das Internet, so erscheint einem das ganze als Chaos. Laut einem Zeitungsbericht vom Mai 2007 surfen allein in Deutschland 40 Mio. Menschen, wie kann die ganze Datenmenge nur beherrscht werden? Dass das ganze überhaupt funktioniert, ist der von Anfang an dezentralisierten Ausrichtung

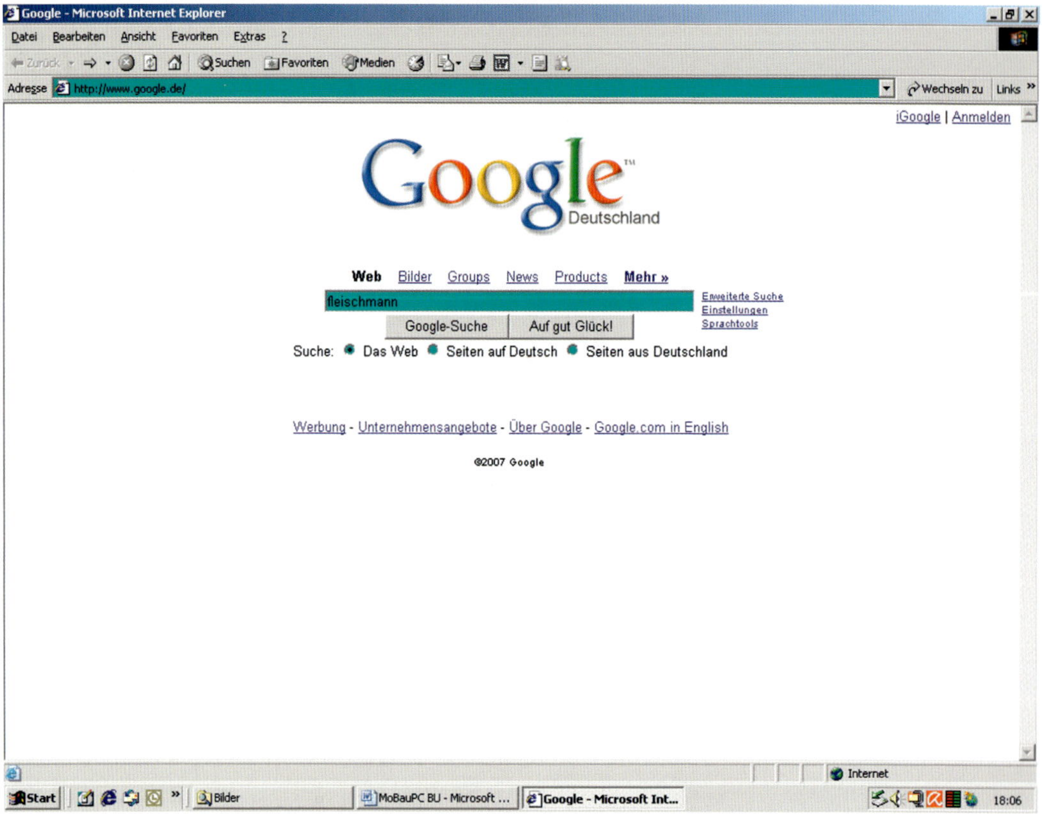

Die Suchmaske der Suchmaschine »Google«. Durch Eingabe des Suchbegriffs und betätigen der Taste »Google-Suche« erhält man eine unüberschaubare Auswahl an Seiten, auf die der Suchbegriff zutrifft.

des Internets zuzuschreiben. So kann der Ausfall von einzelnen Computern kompensiert werden. Nachteilig ist hingegen, dass es dadurch eben auch keine zentrale Koordinierungsstelle gibt, die ein allgemein gültiges Inhaltsverzeichnis anbietet.

Um diesem Umstand abzuhelfen, sind die so genannten Suchmaschinen geschaffen worden. Sucht man Informationen zu einem bestimmten Thema, bietet sich die Verwendung einer so genannten Suchmaschine an, z. B. www.google.de oder verwandte Angebote (z. B. www.yahoo.de oder www.fireball.de). Darunter muss man sich eine Art Bibliothekskatalog vorstellen, in dem alle Internetseiten, die es gibt, vorhanden sind. Mit Eingabe des Begriffs »fleischmann« erhält man über vier Mio. Adressen genannt, unter denen dieses Stichwort auftaucht. Das ist noch wenig sinnvoll, die Zahl der angebotenen Seiten noch zu hoch, man muss also genauer angeben, wonach man sucht, z. B. »fleischmann H0«, dann sind es »nur« noch 671.000 Adressen. Unter »fleischmann H0 CD« finden sich dann noch 71.000 Einträge und mit der Eingabe »fleischmann

H0 CD 2007« sind es dann »bloß« noch 28.000.
Entweder man kreist dann den Suchbegriff noch weiter ein oder man nimmt die mühsame Suche nach der gewünschten Homepage mit dem entsprechenden Seiteninhalt eben auf sich.

7.1.2.1. GLOSSAR

Zusammenfassend und zum Nachschlagen ein kurzes Internet-Glossar:
Browser: Der »Betrachter« ist die grafische Benutzeroberfläche, der die übertragenen Web-Seiten auf dem Monitor darstellt und über Befehle des Benutzers beeinflussbar ist.
Domain: Eine eindeutige Adresse, unter der im Prinzip beliebig viele Web-Seiten gefunden und aufgerufen werden können.
Endgerät: Eine Vorrichtung, mit dem der Zugang ins Internet ermöglicht wird, z. B. ein Computer mit Modem.
Modem: Hierbei handelt sich um ein Zusatzgerät, das in Verbindung mit einem Computer und dem Telefonnetz Daten aus dem Internet in den eigenen Rechner übertragen kann. Zu unterscheiden sind analoge und digitale (benötigen einen ISDN-Anschluss!) Modems. Ein Modem kann als Steckkarte in den PC eingebaut oder extern angeschlossen werden (»ein kleines schwarzes Kästchen«).
URL: Jedes Dokument im Internet besitzt eine und nur eine Adresse, die man als URL (uniform resource locator) bezeichnet.
www: So lautet die Abkürzung für einen Dienst im weltweiten Netz, world wide web. Die drei »w« werden den meisten Internetadressen vorangestellt, sind also Teil der URL. Vorzug eines solchen Dokuments (=web-site) ist die universelle Darstellbarkeit von Text, Ton und Bild (bewegt wie unbewegt). Von einem Dokument zum anderen innerhalb eines Angebots bewegt man sich durch Anklicken von hyperlinks.
Ein anderer Dienst im Internet ist die elektronische Post, die so genannte E-Mail.

7.2. VIELFÄLTIGE MÖGLICHKEITEN – VERSUCH EINER ORDNUNG

Eine kurze Übersicht über das Internetangebot zu geben, ist fast unmöglich, zu vielfältig ist das Gebotene. Dass ich es dennoch versuche, ist der Intention des Buchs, in die Computerwelt für Modellbahner einführen zu wollen, geschuldet. Einen guten Zugang bietet die Homepage der bekannten Modellbahnzeitschrift MIBA. Unter www.miba.de ist der Internetauftritt zu finden.

7.2.1. ORDNUNGSVERSUCH AM BEISPIEL

Nachdem sich die Seite aufgebaut hat, ist auf der linken Seite eine Leiste mit Schaltflächen, die als »Buttons«, als »Knöpfe«, bezeichnet werden, zu sehen. Sie stellen Links, also Verbindungsglieder zu wiederum anderen Listen verschiedener Rubriken dar.
Unter der Rubrik Information sind kurze Vorschauen auf die aktuellen Heftausgaben zu finden. Sie sollen Appetit auf mehr machen. Der Button »Neu im Handel« führt zu einer Kurzvorstellung erwähnenswerter Neuheiten im Mai

Das Internetangebot der MIBA, links ist die Button-Reihe zu erkennen.

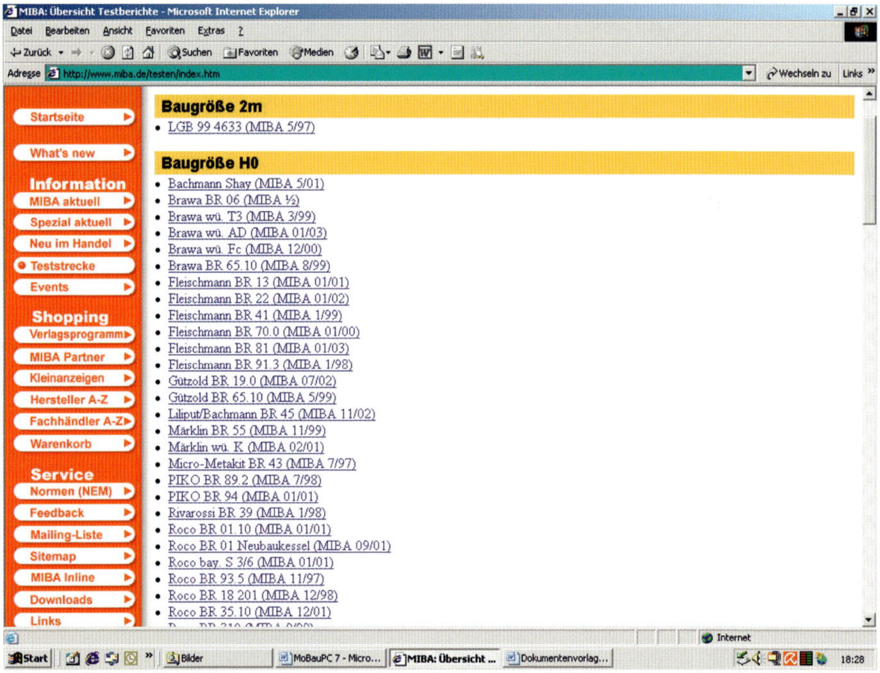

Ein kleiner Ausschnitt der schier endlosen Testberichte der MIBA. Der Name der getesteten Maschine ist unterstrichen, das heißt dass eine Verlinkung vorliegt. Nach einem Druck auf den Namen öffnet sich ein neues Fenster, wo dann der Testbericht gefunden werden kann.

Der Testbericht über die 70.0 nach dem Drücken des zugehörigen Links im Auswahlfeld.

2007 und der Button »Teststrecke« listet Baugrößen übergreifend Testberichte der zurückliegenden Jahre auf. Durch Anklicken des entsprechenden Links kommt man auf eine Testseite, im Beispiel ist das der Testbericht zur BR 70.0 von Fleischmann. Man kann sich also, auch ohne das Heft zu besitzen, in dem die Maschine damals getestet worden ist, jederzeit über zurückliegende Fahrzeugtests ausführlich informieren – wichtig für eine evt. Kaufentscheidung.
Unter Events sind Veranstaltungsdaten für Eisenbahnfreunde zu finden. Aufgelistet werden Termine in den Bereichen Vorbild und Modell, aber auch Fernsehtermine wie etwa das bekannte Format »Eisenbahnromantik«.

Unter der Rubrik »Shopping« findet der Surfer neben dem umfassenden Verlagsprogramm auch Adressen von Modellbahnherstellern und Fachhändlern sowie Kleinanzeigen von Privat an Privat.
Unter der Rubrik »Service« wird der Modellbahner fündig, der sich z. B. über die Normen europäischer Modellbahnen schnell und ausführlich informieren will. Klickt man z. B. den Link zur NEM 652 an, wird ein pdf-Dokument geöffnet, das die Normen

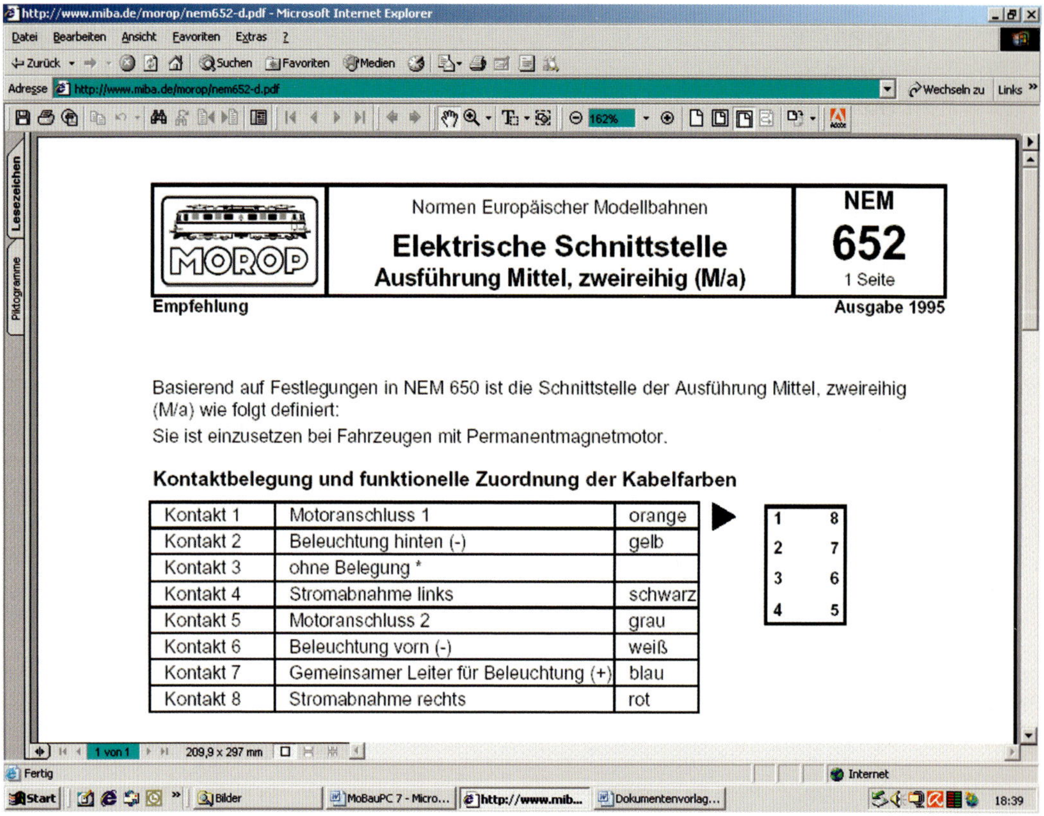

Ein Service der MIBA: Auf der Homepage sind Modellbahn-Normenblätter zu finden. Nach einem Klick auf den gewünschten Link öffnet sich das Datenblatt in einem neuen Fenster – hier das zur NEM 652.

zur Steckschnittstelle 652 für den Digitalbahner vorstellt.
Durch Drücken des Buttons »Mailing-Liste« kann sich der Surfer unter Angabe seiner E-Mail-Adresse registrieren lassen und erhält damit die neuesten Informationen über die MIBA automatisch zugesandt.
Unter dem Button »Downloads« sind allerlei kleine Programme wie Bildschirmschoner sowie Zusatz-Informationen zu früheren Heft-Beiträgen zu finden, die durch Anklicken kostenfrei heruntergeladen werden können. (Man kann das Internet generell auch dazu nutzen, neue Software auf den heimischen Computer herunterzuladen, was als *download* bezeichnet wird).
Es gibt auch so genannte Demo-Versionen, die als *freeware* einen Eindruck von den Möglichkeiten des Gesamtprogramms liefern sollen. Da die Demo-Versionen zumeist gezippt sind, das heißt, die Daten wurden komprimiert, um Speicherplatz zu sparen, müssen sie vor der Installation und der Anwendung dekomprimiert oder unzipped werden. Die besprochene MIBA-website hält dafür ein so genanntes Unzip-Programm bereit, bisweilen sind aber

solche Programme bereits auf dem Computer vorinstalliert.

Das Internetangebot der MIBA wird abgerundet durch den Button »Links«, nach dessen Anklicken man auf eine Linkliste kommt. Beispielsweise gibt es einen Link zu »Software für Modellbahner«, aber auch einen zu europäischen Modell- und Eisenbahnklubs. Brechen wir die Beschreibung hier ab, denn ich will ja nur einen ersten Eindruck von den unglaublichen Möglichkeiten des Internets für den Modellbahner vermitteln.

Zusammenfassend kann man sagen, dass ich als Modellbahner im Internet

- Anregungen für künftige Anlagen,
- Anregungen für die bessere Detaillierung von Fahrzeugen und
- technische Unterstützung

bekomme.

7.2.2. Weitere Informationsplattformen

Einen weiteren großen Bereich des Internets stellen die so genannten Kommunikationsplattformen dar. Ein gutes Beispiel aus dem schier unerschöpflichen Angebot ist unter der URL www.modellbahn-portal.de zu finden. Es fungiert so zu sagen als ein Tor – daher der Name »Portal« – für weitere Web-Seiten. Mit der Suchfunktion – ein auszufüllendes Textfeld – ist das Angebot

Weitere umfangreiche Links auf der Homepage der MIBA.

Das »Eingangstor« des modellbahn-portals, links oben ist das Suchfeld zu erkennen, in das man den gewünschten Begriff eingibt.

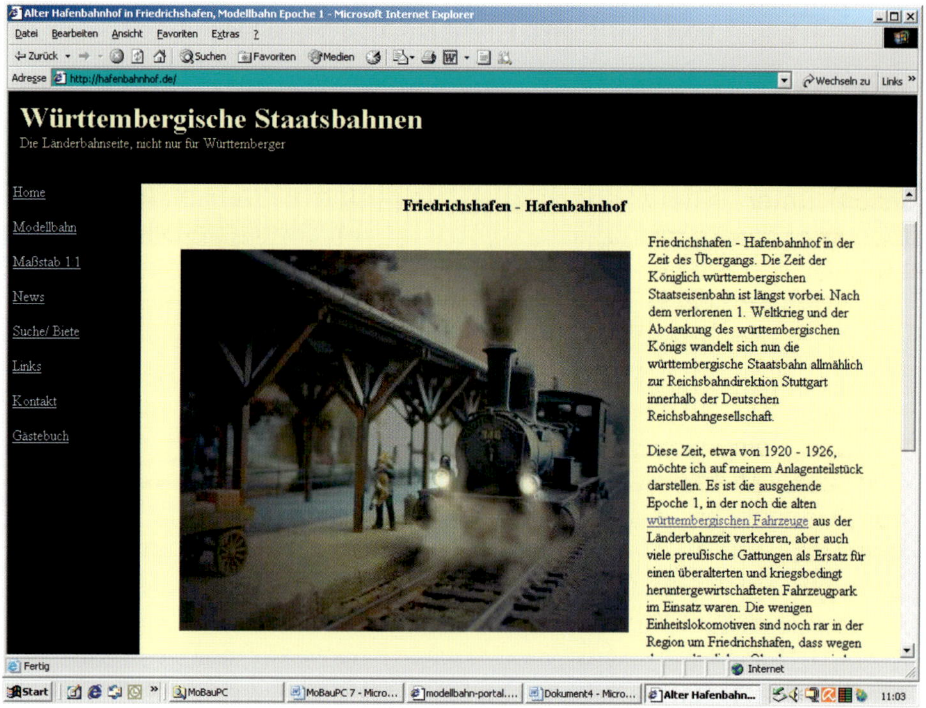

Auf dieser privaten Homepage stellt ein Modellbahnkollege seine Anlage detailliert vor.

Unter dem modellbahn-portal sind zahlreiche interessante Internetangebote für den Modellbahner verlinkt.

rasch unter einem entsprechenden Oberbegriff gegliedert.
Im Beispiel habe ich »Epoche 1« in das Textfeld eingegeben und nach dem entsprechenden Klick auf den zugehörigen Button erhalte ich eine Liste von Seiten zum gewünschten Thema. Für das Beispiel habe ich einen Beitrag zum Thema «Alter Hafenbahnhof Friedrichshafen« ausgewählt. Die Navigation durch diese Seite verläuft dann so, wie wir es bereits kennen.
Gehen wir wieder zurück auf die Startseite des »modellbahn-portal«. Links sind Rubriken zu finden, wie wir das von der MIBA-Homepage kennen. Unter »Webkatalog« findet sich eine umfangreiche Liste mit Angeboten für nahezu alle Spektren des Modellbahn- und –bauwesens. Zunächst führen Links zu umfangreichen Adressverzeichnissen (Hersteller, Händler und Vereine sowie unter »Allgemein« themenverwandte Adressverzeichnisse wie Blechspielzeug u. Ä.). Ein wahrhaft riesiges Angebot an Modellbahnanlagen, Modellbautipps in zahlreichen Baugrößen (H0, TT, N, Z, 2m, 1 0/0m sowie in Sonderspuren) ist unter einer ganzen Reihe von »sprechenden Links«, also unter Angabe der gewünschten Baugröße, zu finden. Ein

eigener Link wiederum führt zu den Freunden des Livesteams, also den Echt-Dampfern, um es einmal zu übersetzen.
Spezielle Seiten sind unter den Links »Digital« (nützliche Tipps zum Digitalisieren der eigenen Anlage), »Download« (z.B. Bildschirmschoner und Demo-Versionen zum Herunterladen), »Modellbau«, »Magazine«, »Anlagen/Museum« (z.B. Adressen und Öffnungszeiten von empfehlenswerten Anlagenschauen und Museen) zu finden.
Themenübergreifend gibt es auch Links zu den Bereichen »Military«, »Modellautos« und für »Kinder«. Unter letzterem Link finden sich Angebote für den Nachwuchs, spezielle Kinder-Modellbahnclubs und alles, was Kinder an die Modellbahnerei heranführen könnte.

7.2.2.1. DISKUSSIONSPLATTFORMEN

Unter dem Link »Newsgroups« erhält man Informationen. Darunter sind virtuelle Diskussionsforen im Internet zu verstehen, innerhalb deren zu einem speziellen, abgeschlossenen Themenbereich Nachrichten ausgetauscht werden. Dabei werden von einem Mitglied gesendete Beiträge über einen Zentralcomputer allen registrierten Benutzern zur Verfügung gestellt. Hierfür werden E-Mails verwendet. Um informiert zu werden, muss man sich also registrieren lassen. Das für den Zugriff auf die entsprechende Newsgroup erforderliche Computerprogramm (man bezeichnet es als Newsreader) ist oftmals auf dem Computer vorinstalliert.
Unter dem Link »International« sind die Anlagen und –bauprojekte ausländischer Modellbahnkollegen zu finden. Abgerundet wird die Rubrik Webkatalog mit dem Link »Vorbild«, wo es Informationen zur »echten« Eisenbahn (länderübergreifend) gibt, so zu sagen ein Nachrichten-Magazin zum Thema Eisenbahnwelt.

Unter der Rubrik »News & Info« ist ein Link zum so genannten Forum verortet. Er führt zu einer Diskussionsplattform. Nach der erforderlichen Registrierung kann man sich zu den unterschiedlichsten Modellbahn-Themen mit Gleichgesinnten austauschen, Es ist möglich, sich in eine bereits laufende Diskussion einzubringen, man kann aber auch selbst Themen aufwerfen, die man gerne erörtert hätte. Der Vorteil ist, dass der Blick auch einmal über den eigenen Tellerrand hinausschweift und man allein schon durch die Zahl der Diskussionsteilnehmer völlig neue Perspektiven erfährt. Eine solche Diskussionsplattform ist prinzipiell eine gute Möglichkeit, sich mit Gleichgesinnten über das Hobby auszutauschen.
Die Vorgehensweise ist einfach. Nach der Registrierung, bei der man sich einen Mitgliedsnamen gibt, klickt man auf einen Beitrag, der einen interessiert. Es öffnet sich ein neues Fenster, in dem ein Modellbahner seinen Standpunkt vertritt, seinen Gleisplan vorstellt und um Kritik bittet oder in der er eine Frage zur Erörterung stellt. Will man antworten, klickt man rechts oben auf den Link »Antwort schreiben«, worauf sich ein Fenster öffnet. In das Textfeld gibt man dann seine Meinung ein.

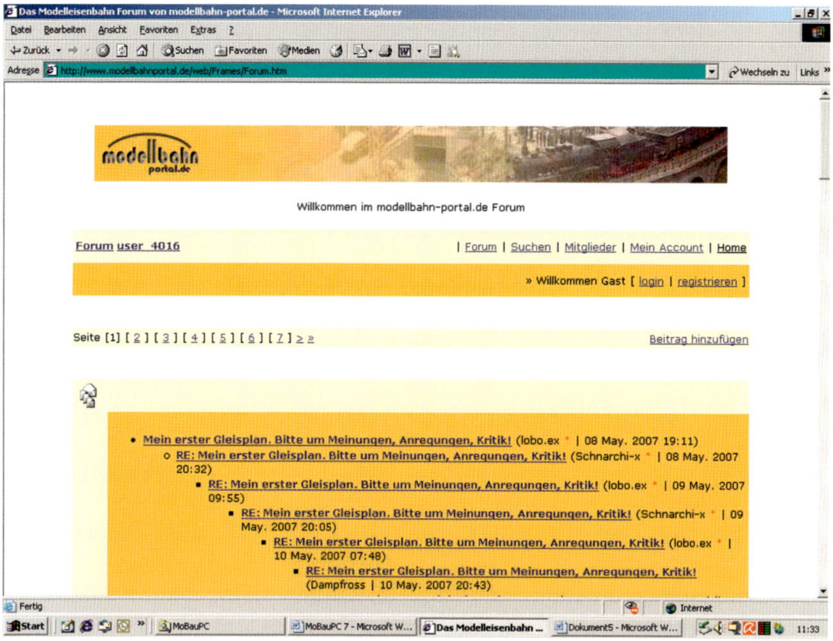

Die Diskussionsplattform des modellbahn-portals. Durch Anklicken der einzelnen Beiträge öffnet sich ein Fenster, in dem der ganze Beitrag dann gelesen werden kann. Prinzipiell kann man auch als Unregistrierter die Diskussion verfolgen. Um mitzudiskutieren, muss man sich aber registrieren.

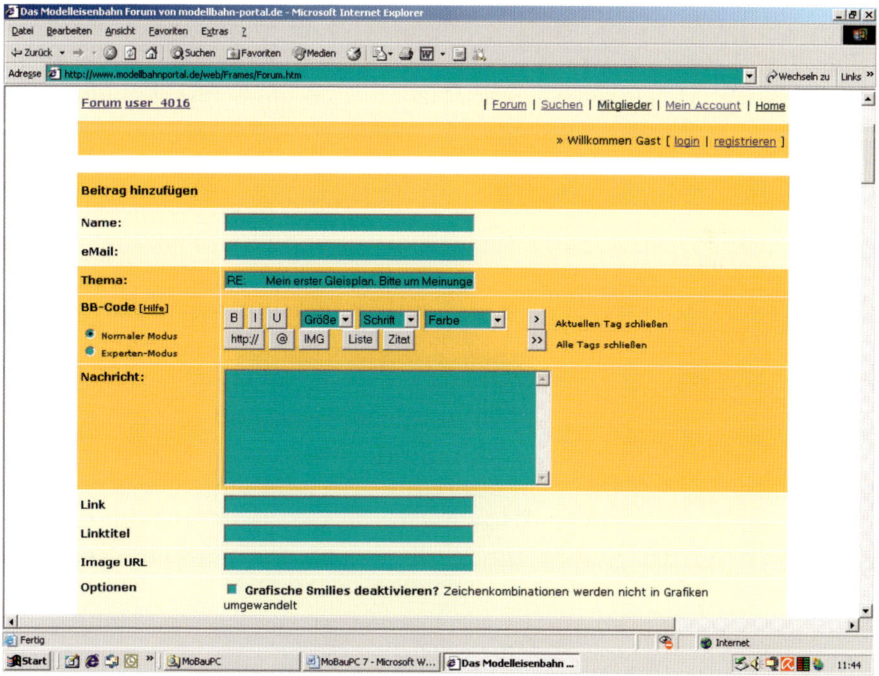

Die Registrierungsmaske des modellbahn-portals.

Allerdings: Wo viele Menschen sind, gibt es auch immer irgendwelche Wichtigtuer, die gerne Falschmeldungen in die Welt setzen und sich dann an der durch sie ausgelösten Verwirrung ergötzen können. Das lässt sich leider nicht so leicht verhindern.
Zusammenfassend bietet das Internet also folgende Funktionen als Informationsplattform:

- Kontakte und Austausch – aktuell bleiben
- Diskussionsforen

Abschließend sei noch der Vollständigkeit halber auf einen eigenen Bereich hingewiesen, der die Modellbahnerei allerdings nur am Rande streift. Es gibt ja viele Modellbahner, die auch (Hobby-)Fotografen sind. In speziellen Foren können diese Hobbykollegen ihre Fotos einem größeren Kreis vorstellen oder sie untereinander austauschen. Das Internet ist also auch eine

- Plattform für den Hobbyfotografen

7.3. INTERNET ALS HANDELSPLATZ – AUKTIONEN

Die Einrichtung von Internet-Auktionsplattformen um das Jahr 2000 kam damals einer Sensation gleich. Dass die Idee, im Internet Versteigerungen durchzuführen, nicht schon früher geboren worden ist, verwundert. Die ersten Anfänge krankten aber auch an der damals noch sehr anfälligen Software. Mittlerweile aber scheitert die Beteiligung an einer Auktion nicht mehr am plötzlichen Streiken der Software.

7.3.1. EINE IDEE

Die Idee ist simpel: Jemand, der Modellbahnartikel zu verkaufen hat, stellt diese eine Zeitlang auf einer Internet-Plattform zur Ansicht. Andere, die Modellbahnartikel erwerben möchten, können diese Artikel via Internet kaufen. Es geht im Prinzip zu wie bei einer »richtigen« Versteigerung vor Publikum mit Hämmerchen haltendem Auktionator.
Dass das Angebot nicht auf Modellbahnen beschränkt ist, bedarf keiner besonderen Erwähnung. Solche Internet-Auktionshäuser wie z. B. eBay sind das Paradebeispiel einer erfolgreichen Geschäftsidee.
Der Erfolg erklärt sich auch nicht nur durch die gebotene relative Unkompliziertheit der Bedienung, sondern auch durch die gebotene hohe Sicherheit. Wer er- oder versteigern will, muss sich erst einmal mit seiner Adresse anmelden. EBay behält sich in diesem Stadium vor, Neuanmeldungen abzulehnen. Sodann kann man sich einen Mitgliedsnamen geben und ein Passwort eingeben. Bei jeder Auktion muss man sich über diese Kombination anmelden und kann dann mitsteigern. Inzwischen muss man schon richtig Phantasie walten lassen, denn viele »sprechende« Namen wie »Stopfexpress« oder »Pufferküsser« sind schon vergeben. Durch die Eingabe von Mitgliedsnamen und Passwort verhindert das Auktionshaus, dass nicht registrierte Zeitgenossen mitmachen.

7.3.1.1. ERSTE AUKTIONEN

Dann kann man sich schon als Verkäufer oder Käufer betätigen. Nach dem

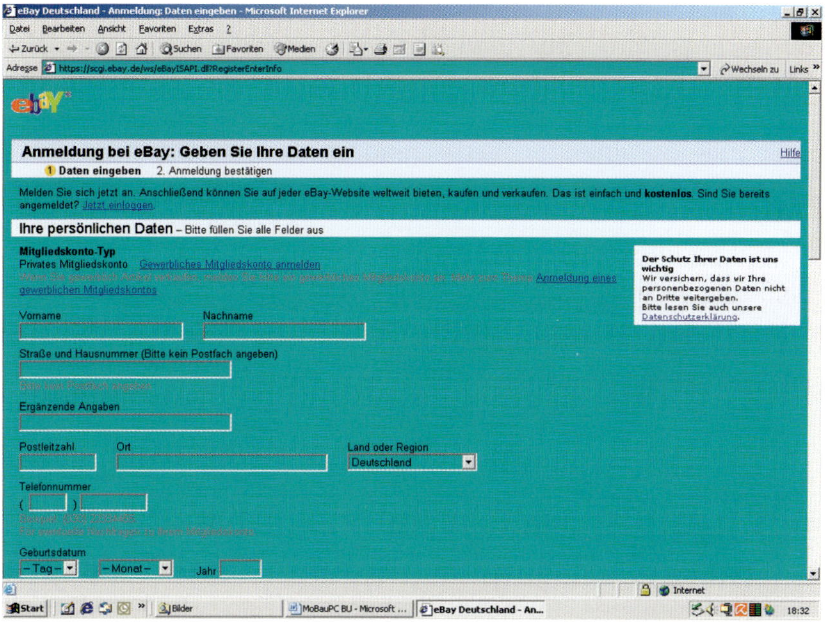

Die Anmeldemaske von eBay, unter der man sich registrieren lassen kann. Das dient zum Schutz der Ersteigerer wie der Ersteigernden. Die Eingabe der Daten (nur Adressdaten und Passwort) erfolgt in Textfelder.

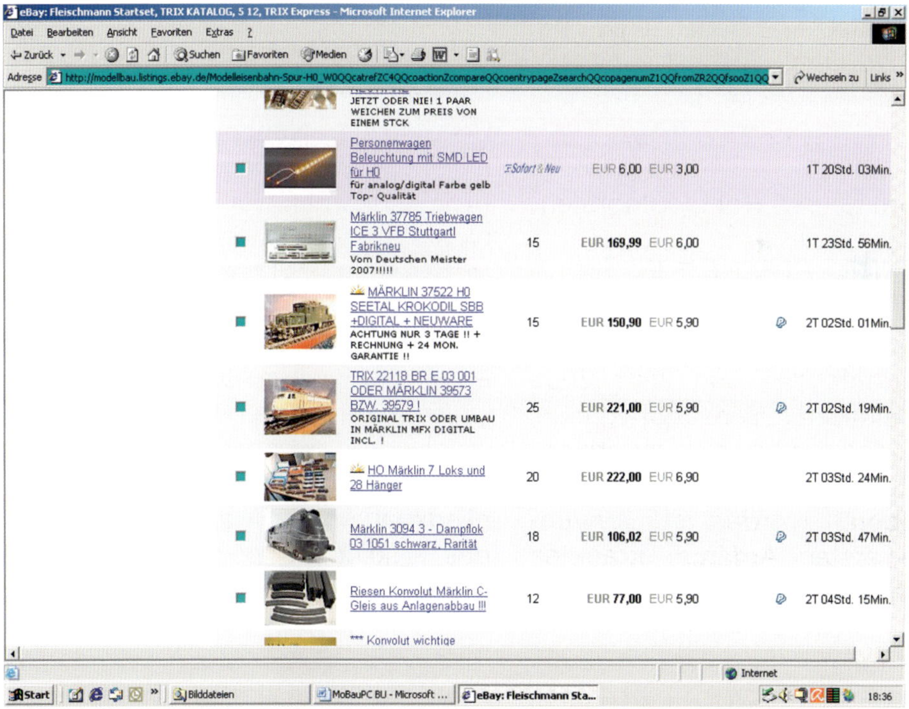

Nahezu unübersehbar ist das Angebot für Modellbahnartikel aller Art.

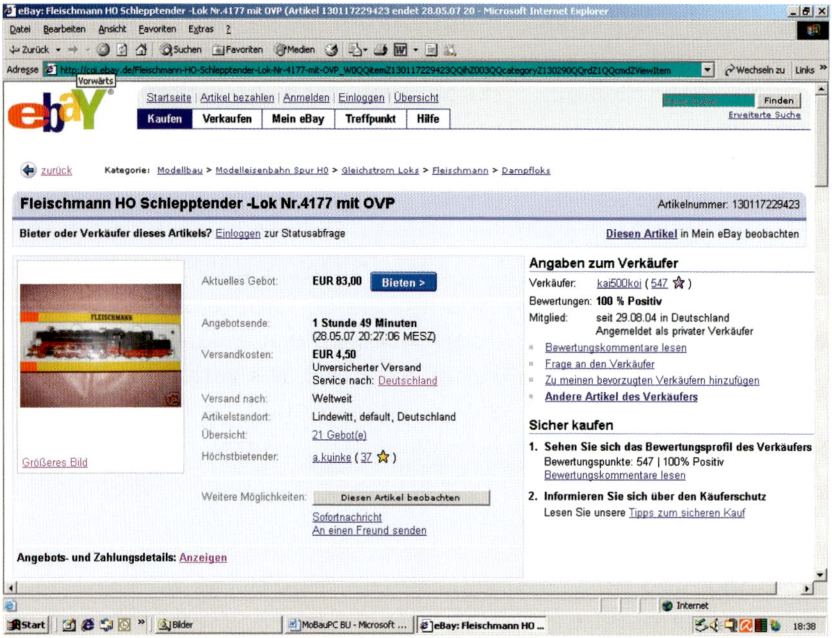

Nachdem man ein interessantes Angebot gefunden hat, klickt man auf das Bild oder den Kurztext und erhält in einem neuen Fenster detailliertere Informationen über Angebot und Anbieter.

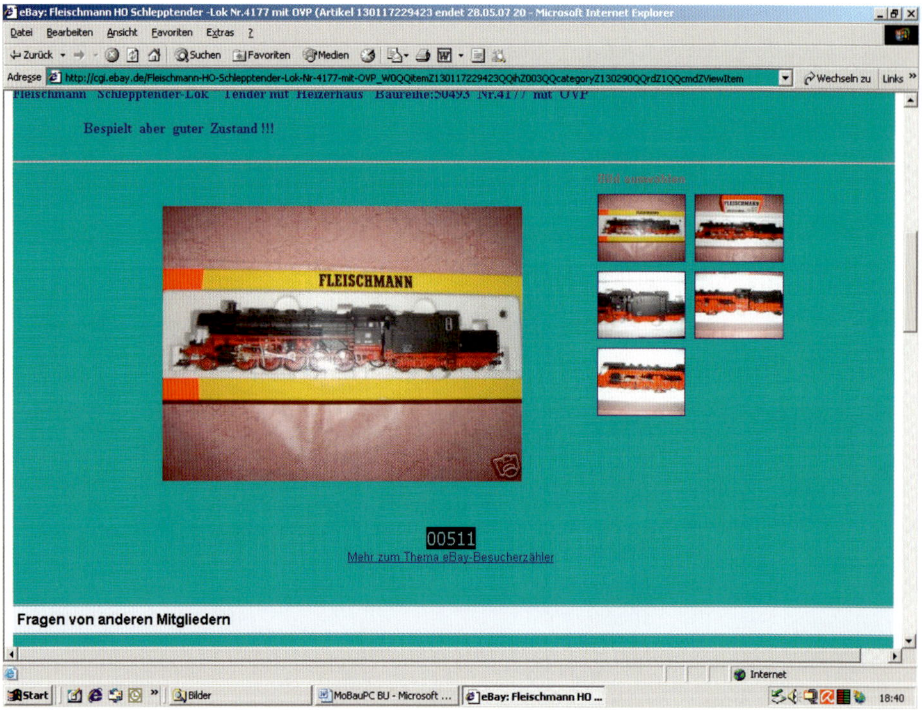

Fotos helfen, das angebotene Modell besser einschätzen zu können.

Aufruf der Rubrik Modellbahn über das Anklicken der Menüs »Kaufen« und »Modellbau« und z. B. »Modelleisenbahn H0« wird man von der Zahl der angebotenen Artikel überrascht sein. Man kann sich jetzt per Rollbalken und Richtungstasten durch das Angebot *scrollen,* also bewegen. Zumeist ist ein kleines Bild des angebotenen Artikels zu sehen, rechts daneben folgt eine kurze Beschreibung, gefolgt von der Zahl der bereits abgegeben Gebote, der Höhe des aktuellen Gebots, der Portokosten und der Restzeit, die bis zum Zuschlag vergeht.

Durch einfaches Anklicken des Bilds oder der Kurzbeschreibung erhält man weitere wichtige Informationen. Rechts oben sind Angaben zum Verkäufer zu sehen, das ist von belang im Hinblick auf die Seriösität des Angebots. Unterhalb des Mitgliedsnamens sind nämlich Links zu entdecken, die durch einfaches Anklicken zum Bewertungsportal, aber auch zum Portal mit Fragen an den Verkäufer führen. Darüber hinaus kann man den Verkäufer – sollte man mit der Qualität der erstandenen Ware zufrieden sein – in eine eigene Unterdatei zu den bevorzugten Verkäufern abspeichern. Unter »andere Artikel des Verkäufers« finden sich weitere Angebote des favorisierten Anbieters.

Scrollt man die Seite hinunter, folgt zumeist ein großformatiges Foto des angebotenen Artikels, gefolgt mit einer näheren Beschreibung, die ggf. auch Hinweise auf evt. Macken des Modells besitzen sollte. Abgerundet wird das Angebot durch Hinweise auf Portokosten, die vom Käufer zu tragen sind.

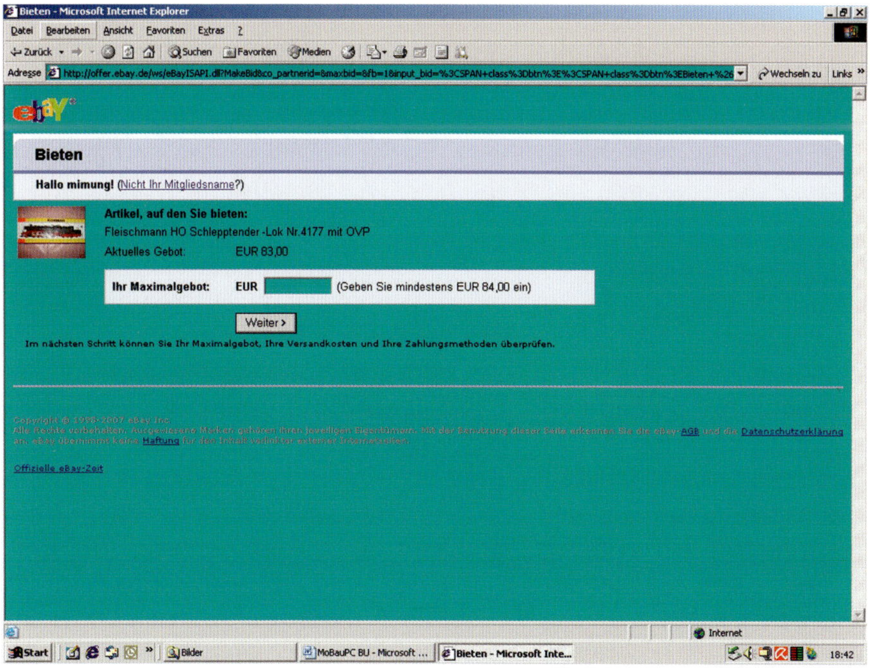

In das Textfeld kann man seinen Betrag eintragen, um mitbieten zu können. Beim Bieten sollte man sich von vornherein einen Höchstbetrag setzen, um nicht vorschnell pleite zu gehen.

Man bietet mit, indem man auf den »Bieten«-Button klickt. Daraufhin öffnet sich ein eigenes Fenster, in dem man zum Anmelden – falls man es noch nicht getan hat – oder zum Einloggen, also zum Eingeben des Mitgliedsnamens und des Passworts, aufgefordert wird. Nach Anklicken des entsprechenden Buttons erreicht man das Fenster mit einer Textzeile, in die man sein Gebot eingeben kann.
Danach wird man gefragt, ob man wirklich bieten möchte. Das ist ein wichtiger Schritt, denn durch Abgabe eines Gebots geht man einen rechtlich bindenden Kaufvertrag ein. Spaßbieter haben hier nichts verloren. Bestätigt man den eingegeben Betrag, so hat man ein Gebot abgegeben, das, ich wiederhole es, rechtlich bindend ist.

7.3.1.2. MASS HALTEN

Zur Überraschung und zum Frust des Bieters wird dann zumeist die Meldung erscheinen, dass man soeben überboten worden ist. Nun, dass liegt daran, dass ein anderer Bieter ein Maximalangebot eingegeben hat, das über unserem Gebot liegt. Wütend gibt man dann wieder ein höheres Gebot ein, wird wieder überboten usw. Man muss sich dann ein Limit setzen: Also die 141 von Fleischmann ist mir in dem angebotenen gebrauchten Zustand 50 Euro wert. Den Betrag kann ich eingeben, habe ich Glück, überbiete ich den Maximalbetrag eines anderen Bieters, habe ich Pech, dann will ein anderer Modellbahner diese Lok unbedingt haben, koste es, was es wolle. Durch ein Limit umgehe ich die Versuchung, immer mehr einzugeben und letztlich mehr zu bezahlen, als die Lok wirklich wert ist – schließlich kommt ja auch noch Porto (bei Geschäften mit Schweizern auch noch Zoll) dazu, das wird gern vergessen.
Es macht nun keinen Sinn, sein Maximalgebot gleich zu Beginn einer Auktion abzugeben. Irgendeiner will das Modell dann sicher haben und wird mich garantiert überbieten. Man gibt dann mal ganz lässig ein Startgebot ab, das mindestens dem vom Verkäufer vorgesehenen Gebot entspricht. Manchmal schwebt Verkäufern auch ein recht hohes Mindestgebot vor, das bisweilen abschreckt.
Da die Zeit bis zum Zuschlag angegeben ist, lehne ich mich erstmal entspannt im Stuhl zurück und schreibe mir den Termin auf. Vielleicht eine halbe Stunde vorher werf' ich den Computer an und logge mich ein. Wenn ich dann auf das Angebot schaue, so ist der Preis in der Regel meinem Angebot längst enteilt. Dann heißt es wieder sich ein Limit setzen.
Gesetzt den Fall, ich will das angebotene Modell unbedingt haben, dann kann man natürlich nach der Methode von Herrn Neureich verfahren und eine astronomische Summe eingeben, die garantiert kein anderer zu bezahlen bereit ist. Das macht doch keinen Spaß. Leute mit guten Nerven liefern sich da lieber eine Bieterschlacht. Kurz vor Ablauf der Auktion loggt man sich ein und gibt ein Gebot nach dem anderen ab – aber Achtung, die Eingabe und nachfolgende Bestätigung frisst Zeit, daher mit dem Gebot nicht zu lange zögern, denn sonst ist der Zuschlag erteilt worden.

Ich gebe mein Limit immer kurz vor Ablauf der Auktion ein, in 90 Prozent aller Fälle habe ich damit keine Chance etwas zu ersteigern, aber ich schone mit diesem Verfahren mein ohnehin stark ramponiertes Modellbahnbudget.

7.3.1.3. VERKAUFEN

Fehler, die ich selber gemacht habe, möchte ich dem Leser nicht vorenthalten, auf dass er aus meinem Schaden klug werde: Man sollte die Ware grundsätzlich erst nach Zahlungseingang auf dem Konto losschicken. Ich habe einmal aus bloßer Bequemlichkeit gegen diesen Grundsatz verstoßen. Ich brachte drei Pakete mit Modellbahnartikeln, die ich im Internet verkauft hatte, zur Post, stellte dann aber fest, dass nur von zwei Käufern die Zahlung eingegangen war. Der dritte hatte die Zahlung zwar angekündigt, aber noch war das Geld nicht auf dem Konto eingegangen. Zu faul, wegen einem Paket nochmals auf die Post zu gehen, gab ich in gutem Glauben an die Anständigkeit und Zahlungsmoral meiner Zeitgenossen alle drei Pakete auf.

Nach drei Tagen hatte ich zwei positive Bewertungen auf meinem Bewertungskonto – offenbar waren zwei Pakete an ihre rechtmäßigen Besitzer ausgeliefert worden – aber noch immer keinen Zahlungseingang auf meinem Bankkonto. Nach weiteren drei Tagen – das fragliche Paket musste den Adressaten längst erreicht haben, wie Nachforschungen bei der Post ergaben – schickte ich dem säumigen Zahler eine Mail mit der Bitte um Zahlung. Nichts passierte!

Nach weiteren drei Tagen schickte ich eine weitere, etwas schärfer formulierte Aufforderung, auf die wieder nichts passierte. Dann bemühte ich mich um die Telefonnummer und rief an, worauf mir am anderen Ende eine Kinderstimme erklärte, dass »der Papi grad nicht da« sei. Ich bat darum, das fällige Geld zu überweisen.

Nach zwei weiteren Tagen – natürlich passierte nichts – meldete sich der Mann bei mir und erklärte mir, dass seine Baufirma gerade Bankrott gegangen sei und er kein Geld mehr habe. Meine Bitte, mir dann das Paket zurückzuschicken, lehnte er mit den Worten ab: »Sobald ich wieder Geld habe, zahle ich!« Natürlich kam nie Geld bei mir an, mein Zorn war groß, vor allem auf mich selber.

Der beste Schutz ist und bleibt es, die Ware erst loszuschicken, wenn das Geld eingegangen ist. Übrigens habe ich mich bei einem befreundeten Rechtsanwalt kundig gemacht, was in solch einem Fall zu tun ist. Mahnungen schicken und sich an das Auktionshaus wenden, da es sich um »geringfügige Summen« – in meinem Fall um 35 Euro ohne Portokosten – handelt, wird sich kein Gericht der Welt mit dem Fall befassen. Es sind aber auch Fälle bekannt geworden, bei denen es um vierstellige Summen geht, da wird es dann richtig ärgerlich.

Als besondere Sicherheitseinrichtung für solche Fälle bietet z. B. eBay die Funktion »PayPal« an, eine Art Treuhandkonto, das es für Käufer wie Verkäufer gibt. Das Auktionshaus sorgt dafür, dass das Geld beim Verkäufer schnell eintrifft, der Käufer hat die Sicherheit, dass es die angebotene Ware auch tatsächlich gibt und sie ihm zugestellt wird. Die unter dem Treuhandkonto PayPal laufenden Auktionen kann man sich extra anzeigen lassen.

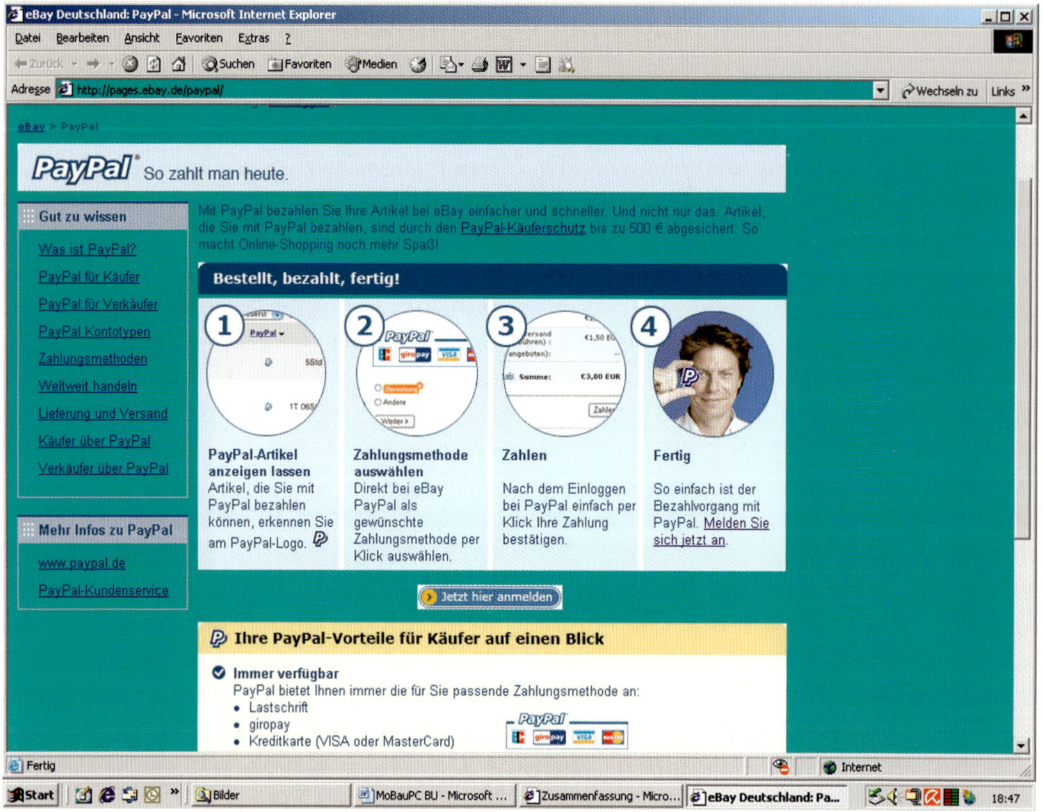

Die Möglichkeit eines Treuhandkontos ist eine empfehlenswerte Einrichtung, die Käufer wie Verkäufer höhere Sicherheit gewährt.

7.3.1.4. KAUFEN

Für den Käufer haben sich folgende Vorgehensweisen bewährt: Man liest sich die Beschreibung des angebotenen Artikels sowie die Versand- und Zahlungsbedingungen genau durch. Wenn einem dabei etwas unverständlich erscheint oder Skepsis hervorruft, kann man durch Anklicken des Links »Frage an den Verkäufer« per E-Mail offene Fragen klären.

Grundsätzlich sollte man die im Bewertungsportal zu findenden Bewertungen des betreffenden Verkäufers prüfen und ggf. vom Interesse an dem angebotenen Artikel zurücktreten. Denn jedes registrierte Mitglied besitzt ein solches Bewertungsprofil, in dem alle sowohl positiven wie negativen Kommentare der Handelspartner eingetragen sind. Damit ist man schnell im Bilde, ob man es mit

einem seriösen Verkäufer oder mit einem Haderlumpen zu tun hat.
Nach dem Erwerb eines Artikels bieten sich besondere Zahlungsmethoden an. Wie bereits erwähnt, sind Geschäfte über das Treuhandkonto – wenn angeboten – empfehlenswert, denn sie sind bis zu einem Warenwert von EUR 500,00 abgesichert. Erst nach Erhalt der Ware in einwandfreiem Zustand wird das Geld an den Verkäufer weitergeleitet (bietet sich vor allem bei hochpreisigen Artikeln an).
Das Auktionshaus eBay bittet in diesem Zusammenhang generell um Mitteilung, wenn es Probleme gibt. EBay sichert zu, bei berechtigten Beanstandungen ein Mitglied zu verwarnen oder vom eBay-Marktplatz auszuschließen.
Generell sollten Einkäufe nicht mit Bargeld bezahlt werden, auch nicht unter Nutzung von so genannten Transfer-Services. Man bezahlt sicherer durch Überweisung.
Darüber hinaus bietet das Internet-Auktionshaus auch Kurse im sicheren Handeln an, die in einem speziellen Trainingsportal abrufbar sind.

Als Verkäufer muss man wiederum auf ganz andere Dinge achten, z. B. prüfen, ob der zu verkaufende Artikel überhaupt zulässig ist, denn es dürfen nur Artikel verkauft werden, die nicht gegen gültige Gesetze und Vorschriften verstoßen. Das ist bei elektrotechnischen und elektronischen Artikeln wie Modellbahnen besonders wichtig. Schadhafte Teile, etwa bei einem Transformator, könnten Unglücksfälle auslösen.
Wie erwähnt bietet sich auch als Verkäufer die Inanspruchnahme der PayPal-Treuhandfunktion an, denn einem potenziellen Käufer wird so die Kaufentscheidung (v. a. bei teuren Artikeln) u. U. erleichtert.
Durch Einschränkung des Käuferkreises, etwa durch einen besonderen Hinweis, lassen sich absehbare Streitereien verhindern. Man gibt ein zu verkaufendes Modell deutlich als »gebraucht« an, wenn es nicht mehr ladenneu ist. Damit signalisiert man, dass an dem Modell Teile abgenutzt sein können, so dass entsprechende Maulereien von Käufern umgangen werden können.

7.3.1.5. GEFAHREN

Wie weiter oben in der Einleitung bereits beschrieben, lauern zahlreiche Gefahren im Internet, und zwar in Form von Viren und Würmern, also Schadprogrammen, die den Computer beschädigen oder zerstören können. Eine andere, fast noch größere Bedrohung aber stellt die Suchtgefahr, die von Internet-Auktionshäusern und ihrem Angebot ausgeht, dar.
Es ist halt verführerisch, von zu hause aus, bequem sitzend die Modellbahnangebote zu studieren. Zu finden gibt es immer was, etwas, auf das man lange gewartet hat oder etwas, das man unbedingt gebrauchen könnte. Doch leider hält das Modellbahnbudget den ausufernden Wünschen nicht immer Stand.
Ein Beispiel war kürzlich einem renommierten Nachrichtenmagazin

zu entnehmen. Ein japanischer Geschäftsmann, so stand zu lesen, war den Internet-Auktionen verfallen. Da er zudem ein begeisterter Modellbahner ist, in Japan aber offensichtlich kein großes Modellbahnartikel-Angebot vorherrscht, verlegte sich der gute Mann aufs Stöbern im Internet. Binnen zweier Monaten hat er dem Magazin zufolge auf diese Weise an die zwei Mio. Euro umgesetzt und sich hoch verschuldet. Tatmotiv: Sucht! Die eigentliche Nachricht aber ist die, dass der Mann, nachdem ihm sein Tun von verständnisvollen Zeitgenossen vor Augen gehalten wurde, Besserung gebot und sein vom Konkurs bedrohtes Geschäft gerade noch retten konnte. Als erstes ließ er in seinem Unternehmen alle Internetleitungen kappen...

Es heißt also stets Maß halten – auch wenn das Angebot noch so verlockend ist.

7.4. AUSBLICK

Allein in Deutschland kommen einer Zeitungsmeldung zufolge tagtäglich an die 6000 neue Internetadressen hinzu. Die Datenflut wird also immer größer und man darf gespannt sein, was die Zukunft bringen wird. Sicher wird das Internet seinen Informationsstatus behalten und auch für Modellbahner wird es ein stetig wachsendes Angebot geben.

Nicht wenige Marktbeobachter sagen auch eine wachsende Kriminalität via Internet voraus, also der Datenklau durch so genannte *phishing*-Programme. Aber vorsichtige Zeitgenossen geben ihre persönlichen Daten ohnehin nicht im Internet preis und öffnen keine E-Mails mit ihnen unbekanntem Absender, sondern entsorgen sie gleich im Papierkorb. Sei es, wie es sei, eine gewisse Vorsicht beim Surfen ist angebracht. Wiederum andere Beobachter tun kund, dass der Internetkollaps demnächst bevorsteht, weil die Datenmenge zu groß geworden sei.

Dennoch, so glaube ich, wird der Freude bei der Beschäftigung mit der Modellbahn und dem Austausch mit Gleichgesinnten via Internet die Zukunft gehören – allen Unkenrufen zum Trotz.

8. SCHLUSSWORT

Damit sind wir am Ende der Reise in virtuelle Welten angelangt. Vieles von dem Besprochenen und Vorgestellten mag zugegebenermaßen abgehoben im Raum schweben, aber es hat auch viel die Spielmöglichkeiten der Modellbahn und die Beschäftigung mit ihr Erweiterndes zu entdecken gegeben. Der eine oder andere wird aber sicherlich jenes Programm vermissen oder hätte sich die Vorstellung jenes Spiels gewünscht. Über die Auswahl der Spiele und Programme unter der Zielsetzung des Buchs, nämlich eine Einführung in das Thema Modellbahn und PC zu geben, lässt sich trefflich streiten.
In Modellbahnzeitschriften und PC-Fachzeitschriften werden stetig die neuesten Programme vorgestellt, getestet und untereinander verglichen. Dort sind ggf. weiterführende Informationen zu erhalten. Daher bin ich mir bewusst, dass bei Erscheinen dieses Buchs die eine oder andere Software schon wieder veraltet oder durch eine neuere, bessere ersetzt sein wird. Das ist im Zeitalter des Computers mit seiner sagenhaften Wissens-Halbwertszeit eben so.
Eines aber ist sicher nicht Ziel des Buchs gewesen: Die mit Computern verbundene Beschleunigung und immer raschere Veränderung unseres Alltags auch in die Freizeit zu transportieren. Das bitteschön soll nicht geschehen, der Arbeitsalltag ist schon hektisch genug und man muss nicht diese Hektik auch bei der Beschäftigung mit der Modellbahn zelebrieren.
Von daher ist so manches Simulations-Spiel zugegebenermaßen als grenzwertig zu charakterisieren. Der Computer kann in vielerlei Bereichen der Modellbahnerei komfortabel und vereinfachend wirken, er kann und soll auch den Spaß erhöhen. Die Grenzen des Einsatzes muss allerdings jeder selbst definieren. In diesem Sinne wünsche ich weiterhin viel Spaß und Freude mit der Modellbahn – zur Not auch ohne Computer.

Der Lokführer verlässt nach getaner Arbeit die Maschine und sagt »Tschüß«.

9. GLOSSAR

Adobe Reader
Ein Programm der Firma Adobe zum plattformunabhängigen Darstellen und Drucken von PDF-Dateien. Früher ist das Produkt als Acrobat Reader bezeichnet worden.

Betriebssystem
Ein Programm, das die Grundfunktionen eines Computers steuert, z. B. Windows, Linux oder DOS.

Bit
Das ist die Abkürzung des englischen binary digit (Binärziffer). Unter einem Bit wird die kleinste digitale Informationseinheit verstanden, die durch eine 0 oder eine 1 dargestellt wird.

Bus
Eine Gruppe von Leitungen auf der Hauptplatine des Computers, über diese fließen Daten zwischen den Computer-Komponenten. Die meisten Zubehörteile des Rechners sind mit dem Bus über einen Controller verbunden, der den Datenaustausch zwischen Bus und Zubehörteilen koordiniert.

Byte
Das ist ein digitales Datenwort, bestehend aus einer Gruppe von acht Bits. 1024 Byte sind ein Kilobyte (KB), 1024 KB sind ein Megabyte (MB) und 1024 MB sind ein Gigabyte (GB).

CD-ROM
Die Compact Disc – Read Only Memory ist ein optisches Speichermedium.

CD-RW
Die DC-Rewriteable lässt sich nach dem Beschreiben wieder löschen und in der Regel bis zu 1000-mal neu beschreiben. Hierfür benötigt man einen speziellen CD-RW-Brenner.

Cookies
Das sind kleine Dateien, die von Internetseiten auf dem PC eingerichtet werden. Mit ihnen kann man z. B. auf einer Einkaufsseite Waren im Warenkorb sammeln, andererseits ermöglichen sie einem Internetanbieter auch, die Surf-Gewohnheiten des Benutzers auf dessen PC zu hinterlegen.

CPU
Die Central Processing Unit ist der Prozessor des Computers.

Desktop
Das ist der persönliche »Schreibtisch«, also der Bildschirm, der nach dem Start des Rechners angezeigt wird. Für den raschen Aufruf können dort Dateien und Programme abgelegt werden, die als Verknüpfung dann geladen werden können. Auf dem Desktop ist auch der Papierkorb zu finden.

E-Mail
Mit dem elektronischen Brief (Electronic Mail) ist es möglich, Nachrichten digital von einem Rechner zum anderen zu schicken. Das geht rasend schnell und hat den Vorteil, dass der Empfänger diese Form von Nachrichten digital archivieren oder gleich weiterleiten kann. Die eigentliche Nachricht besteht aus dem Kopf mit Adressangaben, Datum, Empfänger, Absender, Bezug und evt. Kopieempfängern. Der so genannte Nutzdatenteil besteht zumeist aus Text, allerdings können auch Bilder und kleine Videos verschickt werden. Eine E-Mail-Adresse setzt sich nach immergleichem Muster zusammen: Am Anfang steht der Name des Empfängers, an den sich der Brief richtet; dann folgt das @, was soviel wie »bei« bedeutet, es kennzeichnet jede E-Mail-Adresse; dem @ folgt dann die Adresse, an die die Post versendet werden soll. Mit dem gleichen Zusatz gibt es oftmals auch eine Internetadresse, deren Zusatz .de bedeutet, dass es sich um eine Adresse in Deutschland handelt (Österreich: at, Schweiz: ch).

Explorer
Dieses Programm erinnert im Aufbau an einen Baum und zeigt mit seiner baumartigen Struktur alle Dateien, die sich auf dem PC befinden.

FAQ
Das heißt soviel wie häufig gestellte Fragen (Frequently Asked Questions). Programmautoren veröffentlichen auf ihrer Homepage solche Listen mit Fragen und den zugehörigen Antworten. Sie dienen zur Entlastung der Mitarbeiter.

Freeware
Auf Freeware-Software wird keine Lizenzgebühr erhoben, denn sie steht zur freien Verfügung, daher die Über-

setzung »Freiware«. Im Gegensatz dazu steht die gebührenpflichtige Shareware.

Hauptspeicher
Im Hauptspeicher werden Programme und Daten gehalten, wenn der Prozessor sie gerade aktiv verwendet. Wenn Programme und Daten aktiv werden, werden sie vom Sekundärspeicher in den Hauptspeicher kopiert, wo der Prozessor mit ihnen arbeiten kann.

HTML
Mit der Beschreibungssprache Hypertext Markup Language werden Internetseiten erstellt.

http
Das Hypertext Transfer Protocol ist ein Kommunikationsprotokoll zwischen dem Webserver und dem heimischen Webbrowser wie z. B. dem Internet Explorer. Das http definiert z. B., wie HTML-Dokumente über das Internet transportiert werden sollen. Bei modernen Browsern muss das http bei der Internetadresse nicht mehr eingegeben werden, weil diese erkennen, dass es sich um eine http-Anfrage handelt das http automatisch ergänzen.

Icon
Bei grafischen Benutzeroberflächen werden Programme und Funktionen durch Bildsymbole (=icons) repräsentiert, die möglichst aussagekräftig sein sollten.

Interface
Das ist das englische Wort für »Schnittstelle«, über eine solche Schnittstelle eines Computers können externe Geräte wie Maus, Drucker oder Modem angeschlossen werden.

Internet
Dabei handelt es sich um das weltweit größte Computernetzwerk, das sich aus vielen miteinander vernetzen autonomen Netzwerken zusammensetzt. Es geht in seinen Wurzeln auf eine Entwicklung des Militärs zurück, das auf der Suche nach einem Netzwerk war, das selbst dann noch funktionieren sollte, wenn ein Teil davon ausfiele. In den 70er-Jahren des 20. Jh. wurde die Technik Universitäten zur Verfügung gestellt, die daraus das Internet entwickelten. Ursprünglich diente es nur dem Informationsaustausch der Universitäten untereinander. Wichtigste Leistungen sind neben E-Mail und dem WWW vor allem Datentransport und Diskussionsforen.

ISDN
Mit dem Integrated Service Digital Network wird ein fast flächendeckendes Digitalnetz des Anbieters Deutsche Telekom bezeichnet. Innerhalb eines Übertragungsnetzes sind gleich mehrere Dienste zusammengefasst. Der ISDN-Anwender kann über den Anschluss gleichzeitig telefonieren, faxen und Daten empfangen/übertragen.

KB
Das ist die Abkürzung für Kilobyte, also 1024 Bytes.

Klammeraffe
Das ist die Bezeichnung für das Zeichen @ für »bei« in E-Mails. Es wird erzeugt durch gleichzeitiges Drücken von »Alt Gr« und »Q«.

Klick
Die Maus quittiert einen einmaligen kurzen Druck auf eine Taste durch ein gut vernehmbares »Klick«-Geräusch. Damit löst man in Abhängigkeit vom Mauszeiger bestimmte Funktionen aus. Das zweimalige kurze Drücken der Maustaste hintereinander wird als Doppelklick bezeichnet.

Kompression
Um ein Datenvolumen zu reduzieren, kann man mittels verschiedener Kompressionsverfahren z. B. verlustfreie Datenformate erzeugen (ZIP), aber auch solche Formate, in denen durch die Kompression Daten verloren gehen (z. B. JPEG-Bildformate).

Laptop
Darunter ist ein akkubetriebener, transportabler PC zu verstehen. Er unterscheidet sich kaum vom Notebook.

Link
Das ist eine Verknüpfung. Durch einfaches Klicken auf eine solche Verknüpfung kommt man zu anderen Internetcomputern und deren –inhalten. Über solchen Stellen ändert sich der Mauszeiger in ein Hand-Symbol (nur bei WWW-Browsern).

MB
Abkürzung für Megabyte, also 1.048.576 Bytes

Modem
Zusammengesetzt aus den Worten Modulator und Demodulator ist das Kunstwort »Modem« entstanden. Das gerät wird zum Internetzugang eingesetzt. Es wandelt die vom Computer erhaltenen digitalen Daten in entsprechende analoge Tonfrequenzsignale um und überträgt sie über das Telefonnetz an andere Modems. Dort angekommen, werden die Signale zurückdigitalisiert und zur weiteren Verarbeitung bereitgestellt. Daher sind das Senden einer Rufnummer, der Aufbau einer Verbindung zum Empfängermodem, das Wandeln digitaler Computersignale in Telefonfrequenzen, die Anpassung der Übertragungsgeschwindigkeit an die Leitungsqualität sowie die Korrektur von Übertragungsfehlern die grundlegenden Aufgaben eines Modems.

Netzwerk
Das sind Computer, die miteinander verbunden sind, um Ressourcen (z. B. Drucker, Software etc.) gemeinsam zu nutzen.

Newsgroups
Im Internet sind darunter Nachrichtenbereiche zu verstehen, die jeweils ein bestimmtes Thema zum Inhalt haben.

Newsletter
Von einigen Firmen angeboten, kann sich der Anwender registrieren lassen und erhält dann automatisch Informationen zu neuen Produkten.

Pixel
Ein Computerbild setzt sich aus einer Vielzahl farbiger, schwarzer oder wei-

ßer Bildpunkte zusammen, ein einzelner Bildpunkt wird als Pixel bezeichnet.

Prozessor
Das ist das Gehirn des Computers, es wird als zentrale Steuerungseinheit (CPU) des Rechners verwendet. Im Gegensatz zu Speicherplatten führt der Prozessor Programmbefehle aus.

RAM
So wird der Hauptspeicher bisweilen bezeichnet. Unter Random Access Memory ist ein Speicher zu verstehen, dessen Inhalte in beliebiger Reihenfolge angesprochen werden können.

ROM
Unter Read Only Memory ist ein nur lesbarer permanenter Speicher (der Speicherinhalt geht beim Abschalten des Rechners also nicht verloren) zu verstehen. Das ROM liegt meist auf einem Chip.

Server
Das ist ein Computer, der als Verwaltungseinheit die Netzwerkdienste für Drucker, E-Mail und weitere Ressourcen zur Verfügung stellt.

Software
Darunter sind sowohl Programme wie auch Dateien zu verstehen. Mit Programmen bezeichnet man Anweisungslisten für den Prozessor, Daten können jede Art von Information (Schriftzeichen, Nummern, Bilddaten, Audiodaten etc.) sein, die ein Programm benötigt, um zu arbeiten.

Suchmaschine
Da das Internet eine wahre Informationsflut anbietet, die völlig unübersichtlich ist, kann man sich einer solchen »Maschine« bedienen. Es sind im Prinzip Internetrechner, an die man Suchanfragen richten kann.

Tooltipp
Mit dieser Funktion werden kleine Fenster mit Informationen zu einem Symbol angezeigt, wenn man mit dem Mauszeiger einen kurzen Augenblick auf dem betreffenden Symbol verbleibt.

Treiber
Im Treiber sind andere Programmteile so zu sagen ausgelagert, die es einem bestimmten Programm gestatten und ermöglichen, bestimmte Aufgaben wahrzunehmen, etwa den Drucker anzusteuern etc. Solche Dateien enden zumeist mit .dll.

USB
Mit dem Universal Serial Bus wird ein international gültiger Standard zum Anschluss eines Computers an eine Reihe von externen Geräten bezeichnet. Dazu gehören etwa Drucker, Mäuse, Scanner, Tastaturen, Modems und Spielgeräte. Mit USB-Technik ausgestattete Geräte können während des Computerbetriebs ein- und ausgesteckt werden, der Rechner muss also vor dem Neuanschluss oder dem Abzug eines Geräts nicht erst hoch- oder heruntergefahren werden. Ein Gerät mit dieser Ausstattung kommt auch ohne Zusatzstromversorgung aus, da auf dem Bus eine Versorgungsspannung

liegt, daher genügt zum Anschluss nur und nur das USB-Kabel.

Verknüpfung
Mit diesem Symbol auf dem Desktop wird nicht die Datei oder das Programm selbst bezeichnet, sondern quasi nur der Wegweiser dorthin.

Virus
Das sind kleine Programme, deren Aufgabe es ist, andere Programme zu infiltrieren, also zu infizieren. Das geschieht, indem sie sich an die Programme in Form einer ausführbaren Datei anhängen. Viren können sehr schnell einen Computer befallen, denn sie sind zumeist hinter anderen Dateien verborgen und kommen z. B. beim Herunterladen aus dem Netz auf die Festplatte. Dann besteht die Gefahr, dass der ganze Rechner oder Teile eines Computer-Netzwerks lahm gelegt werden. Schutz bieten entsprechende Programme, die es umsonst, aber auch als kostenpflichtige Varianten gibt.

Webseite
Hierbei handelt es sich um eine in HTML geschriebene bzw. codierte Datei, die mit einem Browser über http geladen und dann angezeigt werden kann.

WWW
Die Abkürzung für World Wide Net (weltweites Netz), das auch einfach nur »web« genannt wird, umschreibt einen Dienst im Internet. Es handelt sich um ein System, das in vorhandenen Dokumentationen leicht navigieren und Informationen herausfiltern kann, und das bei hoher Nutzerfreundlichkeit. Der Zugriff auf die Informationen erfolgt über WWW Browser, die das Navigieren im WWW gestatten. Das WWW ist im Übrigen nur ein Unterdienst des Internet, obwohl der Begriff WWW oft synonym mit dem Internet benutzt wird.

ZIP
Das englische Wort für »Reißverschluss« bezeichnet auch ein weithin angewandtes Verfahren zur Kompression von Dateien. Solcherart behandelte Dateien besitzen den so genannten Dateityp ZIP und werden in der Regel als Download angeboten. Durch die Komprimierung erreicht man eine Entlastung der Leitungen, verringert die Übertragungszeit und kann damit Kosten reduzieren.

10. ANHANG

10.1. WEITERFÜHRENDE LITERATUR

Um dem Leser im Hinblick auf das Thema eine gute Übersicht gerade auch in historischer und entwicklungstechnischer Perspektive zu ermöglichen, wurden in die Literaturliste zum Teil auch ältere, jedoch noch antiquarisch oder in Bibliotheken in der Regel erhältliche Bücher aufgenommen.

LITERATUR ZU PCS ALLGEMEIN:

Berkeley, Edmund Callis:
Giant Brains or Machines That Think, New York 1967

Born, Günter:
Computer. Legen Sie einfach los!; München 2007

Bowden, B. V. (Hg.):
Faster Than Thought; New York 1953

Dembowski, Klaus:
PC-Werkstatt. PC-Hardware aufrüsten, reparieren, optimieren; München 2007

Friedewald, Michael:
Der Computer als Werkzeug und Medium. Die geistigen und technischen Wurzeln des Personalcomputers; Berlin 2000

Friedewald, Michael:
Die Kommerzialisierung des Internet; Karlsruhe 2000

Head, Simon:
The New Ruthless Economy. Work and Power in the Digital Age; Oxford 2005

Matoni, Jürgen u. a.:
PC aufrüsten leicht gemacht; Berlin 2007

N.N.: Computer-Handbuch für Späteinsteiger, so bedienen Sie Windows mühelos und sicher; Poing 2007

N.N.: Heinz Nixdorf Forum Museumsführer; Paderborn 2000

Reifenrath, Andre:
Geschichte der Simulation; Berlin 2000

Weinhart, Karl:
Informatik und Automatik. Führer durch die Ausstellungen; München 1990

Wurster, Christian:
Computers. Eine illustrierte Geschichte; Köln 2002

White, Ron:
So funktionieren Computer. Ein visueller Streifzug durch den Computer und alles, was dazu gehört; München 2004

Zauner, Ulli:
Modellbahn total: Spaß mit und ohne PC; Bonn 2005

Zuse, Konrad:
Der Computer – Mein Lebenswerk; Berlin 1993

LITERATUR ZU PC UND MODELLBAHNEN:

Bader, Gerhard u.a.: Computer steuert Märklin-Modellbahn; Würzburg 1987

Blücher, Uwe und Harry Seeger:
Modellbahn und Computer. Wirklichkeitsnaher Betrieb, Automatisierung nach

Bedarf; München 1989

Duell, Josef:
PC-Modellbahnsteuerung über Druckerport; Aachen s.a.

Hoffmann, Erik:
Dynamische Prozesse - computergesteuert: am Beispiel einer Modellbahn mit Bildschirmstellwerk; München 1988

Horn, Wolfgang: Die Modellbahn, Bd. VI.: Modellbahn und Computer. Modellbahnsteuerung mit dem C 64; Stuttgart 1988

Schneider, Hans Lorenz und Christian Mika: Märklin Digital mit dem IBM-PC und Kompatiblen; s. l. et s.a.

10.2. ADRESSEN

Abbink Software Entwicklung
Lauerstraße 42
41812 Erkelenz
02432/908333
www.abbinksoftware.de
(liefert Modellbahnsteuerungssoftware WinDigital)

Aerosoft GmbH
Lindberghring 12
33142 Büren
www.aerosoft.de

Auhagen GmbH
OT Hüttengrund 25
09496 Marienberg
www.auhagen.de

Bachmann Industries Europe Ltd.
Am Umspannwerk 5
90518 Altdorf www.liliput.de

Bemo Modelleisenbahnen GmbH u. Co.
Stuttgarter Straße 59
73066 Uhingen
www.bemo-modellbahn.de

Besig Präzisionsmodellbau
Postfach 551103
90218 Nürnberg
Tel./Fax 0911/835843
www.besiggmbh.de

Gunnar Blumert
Waldstraße 117
25712 Burg/Dithmarschen
Tel. 04825/2892
Fax 04825/1217
www.blumert.de

Brawa GmbH & Co.
Uferstraße 26-28
73630 Remshalden
Tel. 07151/979350
Fax 07151/74662
www.brawa.de

Brekina Modellspielwaren GmbH
Carl-Benz-Straße 1
79331 Teningen
www.brekina.de

Busch Modellspielwaren GmbH & Co. KG
Heidelberger Straße 26
68519 Viernheim
www.busch-model.com
(bietet die Hintergrund-Gestaltung sowie die Planungssoftware PC-Rail an)

Josef Dusch Modellbahn
Gemeinderied 28
87463 Dietmannsried
Tel. 08374/7386
www.dusch-modellbahn.de

(Dusch liefert Planungshilfe zur Erstellung eines Gleisbildstellpults)

Erbert Modellbahntechnik
Bodenweg 9
36266 Heringen
Tel. 06624/8954
www.erbert-signale.de

ESU Electronic Solutions Ulm GmbH
Am Tiefen See 5
75433 Maulbronn
Tel. 07043/907530
Fax 07043/907536
www.loksound.de

Faller GmbH
Kreuzstraße 9
78148 Gütenbach
www.faller.de

Gebr. Fleischmann GmbH & Co. KG
Postfach 91 01 48
90259 Nürnberg
Tel. 0911/3370-0
Fax 0911/3370-299
www.fleischmann.de

J. Freiwald Software
Lerchenstraßer 63
85635 Hohenkirchen
www.freiwald.com
(liefert TrainProgrammer, mit dem Decoder eingestellt werden können)

Gützold GmbH & Co. KG
Marienthaler Straße 7
08060 Zwickau
www.guetzold.de

Heki Kittler GmbH
Am Bahndamm 10
76437 Rastatt
www.heki-kittler.de

Heris Modelleisenbahn
Kaesbachstraße 17
41063 Mönchengladbach
www.heris-modelleisenbahn.de

Herkat
Schloßäckerstraße 24
90443 Nürnberg
www.herkat.de

Herpa Miniaturmodelle GmbH
Leonrodstraße 46-47
90599 Dietenhofen
www.herpa.de
Kibri Spielwarenfabrik GmbH
Otto-Lilienthal-Straße 40
71034 Böblingen
www.kibri.com

T. Kuehn
Floßweg 61a
53604 Bad Honnef
www.kuehn-digital.de

Lenz Elektronik GmbH
Hüttenbergstraße 29
35398 Gießen
Tel. 06403/900133
Fax 06403/5332
www.digital-plus.de

LGB Ernst Paul Lehmann Patentwerk
Saganer Straße 1-5
90475 Nürnberg
Tel. 0911/83707-0
Fax 0911/83707-70
www.lgb.de

Liliput siehe Bachmann

Littfinski Datentechnik
Osterholder Straße 15
A-25482 Appen
Tel. 0043/1/553028
Fax 0043/1/553029
http://www.ldt-infocenter.com

Gebr. Märklin & Cie. GmbH
Postfach 860
73008 Göppingen
Tel. 07161/608-0
Fax 07161/608-20
www.maerklin.de

Modellplan
Reußensteinweg 4
73037 Göppingen
Tel. 07161/816062
Fax 07161/88575

MÜT GmbH
Neufeldstraße 17
85232 Bergkirchen
Tel. 08131/71045
Fax 08131/80760
www.muet-gmbh.de
www.digirail.de

Noch GmbH & Co.
Lindauer Straße 49
88239 Wangen
Tel. 07522/9780-0
Fax 07522/9780-80
www.noch.de

Peco
Pritchard Patent Product Co. Ltd. Uderleys
GB-Beer/Nr. Seaton
Devon EX 12 3NA
www.peco-uk.com

Piko Spielwaren GmbH
Lutherstraße 30
96505 Sonneberg
www.piko.de

Hans Poscher
Viersenerstraße 77
41571 Viersen
Tel. 02162/50644
(liefert Geräusche-CD)

Preiser GmbH
Postfach 1233
91534 Rothenburg o. d. T.
Rautenhaus
105, Allée des Chens
F-57810 Rhodes
Tel. 0033/3/87039126
www.railware.com

Roco-Modellspielwaren GmbH
Rifer Hauptsraße 21
A-5400 Hallein
Tel. 0043/5/7626-0
www.roco.co.at

Sommerfeldt GmbH
Friedhofstraße 42
73110 Hattenhofen
www.sommerfeldt.de

STP
Weißenberg 23
A-4053 Haid
(liefert P.F.u.Sch., mit dem Decoder eingestellt werden können)

Tillig Modellbahnen GmbH & Co. KG
Promenade 1
01855 Sebnitz
www.tillig.com

Tams Elektronik GmbH
Sievertstraße 22
30625 Hannover
Tel. 0511/556060
Fax 0511/556161
http://www.tams-online.de

Trix Modelleisenbahn GmbH & Co. KG
Postfach 49 24
90027 Nürnberg
www.trix.de
Uhlenbrock
Mercatorstraße 6
46244 Bottrop
Tel. 02045/858327
www.uhlenbrock.de

Viessmann Modellspielwaren GmbH
Am Bahnhof 1
35116 Hatzfeld
www.viessmann-modell.de
(liefert WiniPro, mit dem Decoder eingestellt werden können)

Vollmer GmbH & Co.
Porschestraße 25
70435 Stuttgart
www.vollmer-kit.de

Weinert Modellbau
Mittelwendung 7
28844 Weyhe/Dreye
Tel. 04203/9464

Wiking Modellbau GmbH & Co. KG
Schlittenbacher Straße 60
58511 Lüdenscheid
www.wiking.de

ZIMO
Schönbrunner Straße 188a
A-1120 Wien
Tel. 0043-1813-1007-0
Fax 0043-1813-1007-8
www.zimo.at

10.2.1. ZEITSCHRIFTEN

Eisenbahn Journal, erscheint im Hermann Merker Verlag GmbH, Am Fohlenhof 9a, 82256 Fürstenfeldbruck
Tel. 08141/534810,
Fax 08141/5348133,
www.ejmv.de

Eisenbahnkurier. Vorbild und Modell, derzeit im 40. Jahrgang erscheinend im:
Ek-Verlag GmbH,
Heinrich-von-Stephan-Straße 15, 79100 Freiburg,
Tel. 0761/70310-0,
Fax 0761/70310-50

Eisenbahn Magazin, erscheint im Alba Fachverlag GmbH & Co. KG
Willstätterstraße 9
40549 Düsseldorf
Tel. 0211/520130
Fax 0211/5201328
www.alba-publikation.de/em

HP1. Eisenbahnmodellbau heute, erscheint in der
Willy Kosak Verlagsgesellschaft mbH,
Burgstraße 21
91284 Neuhaus
Tel. 0956/998983
Fax 09156/998984

MIBA. Die Eisenbahn im Modell, derzeit im 59. Jahrgang erscheinend im:
MIBA Verlag GmbH
Senefelderstraße 11
90409 Nürnberg

Tel. 0911/51965-0
Fax 0911/51965-40
www.miba.de

Modelleisenbahner.
Magazin für Vorbild und Modell,
derzeit im 55. Jahrgang erscheinend bei der
Verlagsgruppe Bahn GmbH
Am Fohlenhof 9a
82256 Fürstenfeldbruck
Tel. 08141 / 534810

10.2.2. MODELLBAHNANLAGEN UND -SCHAUEN

Modellbahnland Erzgebirge – Annaberger Modellbahnen GmbH & Co. KG
Annaberger Straße 27a
09488 Wiesa
Tel. 03733/596357
Fax 03733/596358
www.annaberger-modellbahnen.de
Annaberger-Modellbahnen@t-online.de
(Anlage der Baugröße 1)

Deutsches Dampflok-Museum im ehemaligen Bw Neuenmarkt-Wirsberg
Birkenstraße 5
95339 Neuenmarkt
Tel. 09227/5700
Fax 09227/5703
www.dampflokmuseum.de

Euro-Tecnica
53940 Losheim/Eifel,
Tel. 06557/920640
Fax 06557/920645
www.euro-tecnica.de
euro.tecnica@t-online.de
(Anlage der Baugröße H0)

Lok Land Modellbahnausstellung
Hofer Straße 14
95152 Selbitz
Tel. 09252/92294
Fax 09252/916520
www.lokland.de
info@lokland.de
(Anlage der Baugröße H0)

Miniatur Wunderland Hamburg GmbH
Kehrwieder 2 Block D
20457 Hamburg
Tel. 040/36091157
Fax 040/36091158
www.miniatur-wunderland.de
info@miniatur-wunderland.de
(Modellbahn der Baugröße H0)

Modellbahn Wiehe GmbH
Am Anger 19
06571 Wiehe
Tel. 01805/909011
Fax 034672/83633
www.mowi-world.de
(zwei H0-Anlagen, eine TT-Anlage, zwei LGB-Anlagen)

Modell-Show Merklingen
Siemensstraße 2
89188 Merklingen
Tel. 07337/923194
Fax 07337/923195
www.modellbahnshow.de

Harzer Modellbahnzentrum Lautenthal GmbH
Wildemanner Straße 9
38685 Langelsheim
Tel. 05325/546100
Fax 05325/546119
www.spedifix.de/modellbahn
(sechs Anlagen der Baugrößen LGB, I, H0, TT, N und Z)

Perfekt bis in's Detail

Claus Dahl
Gleis-Elektronik im Modell
Wie die Elektronik zur Fahrzeug-Steuerung am Gleis eingesetzt wird, wie die moderne Technik sinnvoll und effektiv für die Modellbahn genutzt werden kann und Bauanleitungen für den Gleichstrombetrieb.
176 Seiten, 16 Farbbilder, 163 Zeichnungen
Bestell-Nr. 71312 **€ 19,95**

Klaus Unbehaun
Pfiffiger Modell- und Dioramenbau
Ein Diorama ist ein Schaustück, auf dem eine kleine Modellszenerie mit besonders viel Aufwand ausgestaltet ist. Dieses Buch dreht sich rund um diese kleinen Szenerien. Es verrät, wie sie von Grund auf mit viel Fantasie und Liebe fürs Detail gebaut werden, aber auch, wie sie am effektvollsten fotografiert werden sollten, damit sie dem Vorbild täuschend ähnlich sehen. Mit viel Humor und guten Kenntnissen der Pyrotechnik hat der Autor diese Anleitung verfasst.
160 Seiten, 176 Bilder, davon 169 in Farbe, 6 Zeichnungen
Bestell-Nr. 71271 **€ 19,90**

Claus Dahl
Fahrzeug-Elektronik im Modell
Es gibt Modellbahner, die bei der Steuerung ihrer Anlage auf die analoge Technik nicht verzichten wollen. Dieser Titel konzentriert sich auf die Elektronik von Fahrzeugen und zeigt Wege auf, wie moderne Technik bei der Modellbahnsteuerung genutzt werden kann.
184 Seiten, 95 Farbbilder, 102 Zeichnungen
Bestell-Nr. 71282 **€ 19,95**

Ulrich Lieb
Digitalisierung auf Modellbahnanlagen
Digitalisierung auf der Modellbahn hat ihren Preis und auch die Vielzahl der Systeme lässt manchen beim Drahtverhau bleiben. Dieser Band räumt jetzt mit Vorurteilen auf, stellt Systeme vor, nennt Stärken und Schwächen, gibt Tipps zum Einsatz der Technik.
128 Seiten, 76 Bilder, davon 74 in Farbe
Bestell-Nr. 71137 **€ 16,–**

Rudolf Müller
Modellbahn Techniken
Seine Anlage interessant zu gestalten ist der Wunsch eines jeden Modellbahners. Dass dafür nicht immer teure Materialien genutzt werden müssen, sondern dass oft Einfaches ausreicht, um Ausgefallenes zu konstruieren, zeigt dieses Buch.
176 Seiten, 54 Farbbilder, 142 Zeichnungen
Bestell-Nr. 71297 **€ 19,95**

IHR VERLAG FÜR MODELLBAHN-BÜCHER

Postfach 10 37 43 · 70032 Stuttgart
Tel. (07 11) 2108065 · Fax (07 11) 2108070
www.paul-pietsch-verlage.de

trans press

Stand August 2007
Änderungen in Preis und Lieferfähigkeit vorbehalten